AF634275

CLAUS M. SCHMIDT

# Insekten für (kleine) Klugscheißer

## Aha-Effekte, Irrtümer und andere Wahrheiten

KLARTEXT

**BILDNACHWEIS**

4,5: Larsen/animal.press, 6/7: Vogeltanz, animal.press, caters, L. Lenz, Hippocampus; 10: animal.press, Ondrej Pakan, caters, 12-15: animal.press, Larsen, animal.press, caters, 16: animal.press, Toni Angermayer, 18,19, 24-25: animal.press, 26, 27: animal.press, caters, 28/29, 30, 31, 32, 35: animal.press, caters, animal.press, 42/43, 44, 45, 46: animal.press, animal.press, Hecker, animal.press, 50, 51: animal.press, caters, 55: animal.press, 56/57: animal.press/ Informationsdienst Wissenschaft, 65: animal.press, Frank Hecker, 66, 67,68, 69: animal.press, 72/73: animal.press/ Lothar Lenz, 74,75, 76u.: animal.press, 80-82, 92/93: animal.press, 98-103: animal.press; AdobeStock: © VectorMine: 8/9, © Stephane Bidouze: 12o., © Grigoriy Lukyanov: 12u., © Volodymyr Shevchuk: 13o., © schankz: 13u., © ratpack223: 14/15o., © JuergenL: 14u., © Antrey: 15m., © Henri Koskinen: 17, © Marina: 34, © Lublubachka: 47, © nataba: 75m., © ciclopata: 76o., © creativenature.nl: 76m.,© dblumenberg: 83, © Liane M.: 88o., © teine: 88u., © mardroid: 89, © Herr Loeffler: 94, © Margit Power: 96, © Thorsten: 97; © frender: 101o., 103o.; Imago Images/ Joko: 77, Imago Images/blickwinkel: 79; Picture alliance: Heritage-Images/© Fine Art Images: 22, akg-images: 23, imageBROKER/Thorsten Negro: 52, dieKLEINERT.de/Mario Kessler: 86/87; Wikipedia: Von Siga – Eigenes Werk, CC BY-SA 4.0, https://commons.wikimedia.org/w/index.php?curid=61720222: 38, Von PJC&Co – Eigenes Werk, CC BY-SA 3.0, https://commons.wikimedia.org/w/index.php?curid=7329647: 42, Von Esculapio – Eigenes Werk, CC BY-SA 3.0, https://commons.wikimedia.org/w/index.php?curid=9856527: 53, Von Didier Descouens – Eigenes Werk, CC BY-SA 4.0, https://commons.wikimedia.org/w/index.php?curid=76407431: 60, Von Pjt56 – Eigenes Werk, CC BY-SA 3.0, https://commons.wikimedia.org/w/index.php?curid=33479069: 64/65, Von Jon Bodsworth - http://www.egyptarchive.co.uk/html/hidden_treasures/hidden_treasures_19.html, Copyrighted free use, https://commons.wikimedia.org/w/index.php?curid=6316621: 69

Bibliografische Information der Deutschen Nationalbibliothek
Die Deutsche Nationalbibliothek verzeichnet diese Publikation in der Deutschen Nationalbibliografie; detaillierte bibliografische Daten sind im Internet über portal.dnb.de abrufbar.

## IMPRESSUM

1. Auflage Mai 2021
Layout und Satz: Birgit Lonsdorfer, Essen
Druck und Bindung: Linsen Druckcenter GmbH, Siemensstr. 12-14, 47533 Kleve
Umschlagabbildungen: Adobe Stock: © Omika, © gotoole, © scharfsinn86, © Oleg1824f, © Firn; animal.press/Caters, animal.press/Robert Gross; Imago Images/Karina Hessland, Imago Images/Schöning
© Klartext Verlag, Essen 2021
Alle Rechte vorbehalten
ISBN 978-3-8375-2341-6

KLARTEXT
Jakob Funke Medien Beteiligungs GmbH & Co. KG
Jakob-Funke-Platz 1, 45127 Essen
info.klartext@funkemedien.de
www.klartext-verlag.de

# Inhalt

## Der Autor

**Claus M. Schmidt** wuchs mit Tieren auf und lernte beim Studium der Zoologie und Verhaltensforschung die faszinierende Welt der Insekten kennen. Als Chefredakteur von „Ein Herz für Tiere" und „BBC Wildlife" machte er auf einer Reportage am Amazonas eingehende Bekanntschaft mit Feuerameisen und Sandflöhen. In seiner Medienagentur „animal.press" wirbt er mit Berichten aus der Wissenschaft für die bedrohte Gruppe der Krabbeltiere.

# Es war einmal … Käferpost!

„Es geht mich zwar nix an", sagte der Postbote, als er meiner Mutter das Päckchen gab, „aber ich wüsste zu gern, was da drin ist. Hören Sie mal!" Nicht nur er war neugierig, was da im Karton kratzte und krabbelte. Was mein Onkel Horst mir da geschickt hatte, entpuppte sich als ein Maikäfer mit ein paar Kastanientrieben und Blättern als Nahrung. Oben bei Trier an der Mosel gab es die Tiere in Massen, bei uns am Mittelrhein waren sie so selten, dass ich auf einmal jede Menge Besuch von Nachbarskindern bekam, die die Rarität einmal sehen und anfassen wollten. Ich nahm den Käfer mit in die Schule, der Lehrer zeigte ihn der Klasse. Ich wusste, dass Maikäfer nur wenige Wochen leben. Die kurze Spanne sollte er nun in Freiheit genießen. Viele Kinder sahen zu, als ich ihn in der großen Pause an meiner Hand hochkrabbeln ließ. Auf der höchsten Fingerspitze angekommen, pumpte er sich auf, hob die Flügeldecken, breitete seine Flügel aus und erhob sich in die Lüfte. Der Flug endete in Höhe der Dachrinne unseres Schulgebäudes. Dort saßen ein paar Spatzen – und einer von ihnen schnappte sich meinen Maikäfer. Immerhin, so tröstete ich mich, hatte er ein langes Leben als Engerling hinter sich, und vielleicht würde der Spatz mit ihm seine Küken füttern … Mein Interesse an Krabbeltieren war jedenfalls geweckt. Deines auch?

**Viel Spaß bei der Entdeckungsreise in die Welt von Käfer, Biene & Co.!**

Aha

# Super-Transformers mitten unter uns

Schmetterlinge schmecken mit ihren Füßen, Heuschrecken hören mit den Beinen, Libellen beschleunigen schneller als ein Flitzer der Formel 1. Weil Zikaden ihren eigenen Lärm selbst nicht hören wollen, tragen sie einen Lärmschutz.

Allein die Mundwerkzeuge der Insekten sind vielseitiger als jedes Schweizer Messer. Sie können bohren, stechen, beißen, saugen, sägen, sondieren, musizieren …

Es ist erstaunlich, wie viele verschiedene Formen sich entwickelt haben aus einem doch recht einfachen Grundgerüst: Kopf mit Mundwerkzeugen, Brust mit sechs Beinen, Hinterteil. Mit einer Größe zwischen 3 Millimetern und 40 Zentimetern haben Insekten alle Kontinente der Erde, alle Lebensräume und Nischen erobert.

Und die Reise ist noch nicht zu Ende: Denn Insekten können sich in einem atemberaubenden Tempo verändern und auf neue Lebensumstände einstellen. Grund dafür sind die (meist) kurze Generationenfolge und die große Zahl an Nachkommen.

# Die Anatomie eines Insekts

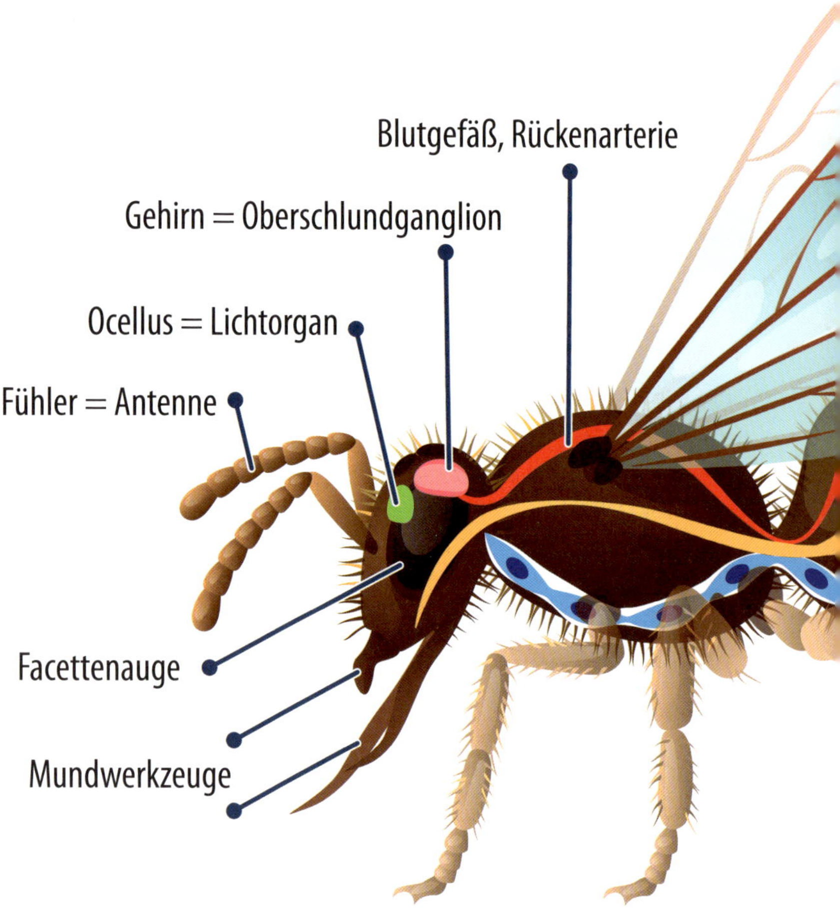

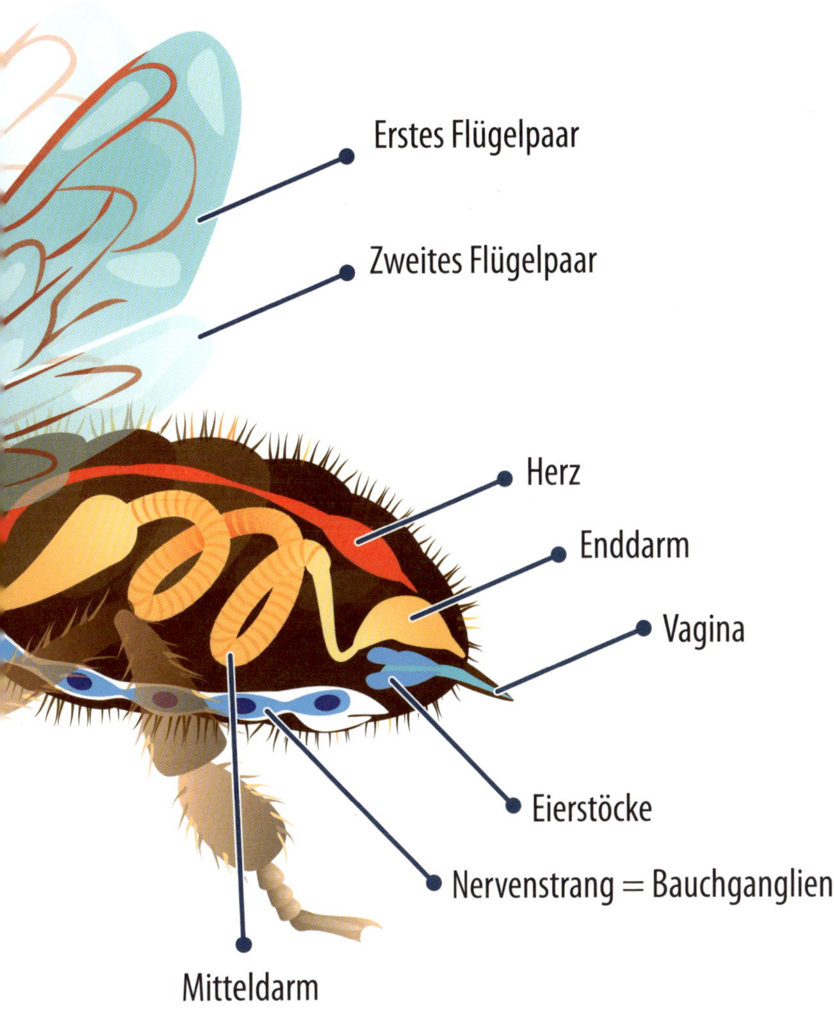
Erstes Flügelpaar
Zweites Flügelpaar
Herz
Enddarm
Vagina
Eierstöcke
Nervenstrang = Bauchganglien
Mitteldarm

Aha

# Was sind eigentlich Insekten?

**Der Name kommt vom lateinischen Wort „insecta". Das bedeutet „eingeschnitten" und entspricht damit der älteren und früher geläufigeren deutschen Bezeichnung „Kerbtiere". Alle Insekten haben:**

- dreigeteilte Körper aus Kopf, Brust, Hinterleib
- sechs Beine, die paarweise an der Brust ansetzen
- ein äußeres oder Exoskelett aus Chitin
- ein Nervensystem, das wie eine Strickleiter angeordnet ist
- Körperöffnungen (Stigmen), durch die Luft über Röhren (sogenannte Tracheen) in den Körper gelangt
- Fühler oder Antennen, vielseitig einsetzbar. Sie messen die Luftbewegung von Wind oder auch die Fluggeschwindigkeit, außerdem sind sie auch Chemorezeptoren, also Sinnesorgane, die Duftmoleküle in der Luft wahrnehmen.
- Facettenaugen, bestehend aus einigen hundert bis vielen tausend Einzelaugen. Sie nehmen Licht, Bewegung und Farben wahr. Durch diese Augen sieht die Welt anders aus als durch menschliche Augen: Bienen sehen z. B. rote Farbe als Schwarz, können dafür aber UV-Licht sehen und sich auch bei bedecktem Himmel an der Sonne orientieren.

# Insekten vor Gericht

Immer öfter werden Hotelgäste von Bettwanzen gepiesackt. Die Bisse jucken tagelang. In einigen Fällen erhielten betroffene Reisende 10 Prozent vom Übernachtungspreis zurück.

Keine Erstattung bekam ein Urlauber, der sich über Kakerlaken in seinem Hotel beschwerte. 10 bis 20 Kakerlaken im Zimmer sind für Gran Canaria in Ordnung, befand der Richter.

An einigen tropischen Stränden lauern Sandfliegen auf Besucher. Erst nach Stunden spürt man die Bisse, doch sehen kann man die Plagegeister nicht, weshalb sie in der Karibik als „Noseums" bekannt sind. Selbst schuld, urteilte das Gericht über einen Urlauber, der wegen der Stiche einen Teil seiner Reisekosten zurückforderte. So etwas gehöre zum Natur-Risiko auf Reisen.

Auch 4 bis 5 Moskitos abends im Zimmer von einem Strandhotel auf Bali stellen keinen Reisemangel dar. Sie sind dort Teil der Natur.

Wen das Zirpen von Heimchen in seiner Mietwohnung stört, der muss selbst etwas dagegen tun. Der Vermieter ist für die Beseitigung nicht zuständig.

Wenn Insekten aus einem Naturgarten mit Wildblumen auf's gepflegte Gärtchen eines Nachbarn wandern, hat er kein Recht, auf Beseitigung von „Unkräutern" zu bestehen.

# Zahlen & Fakten

**Zwei Drittel** aller Tierarten der Erde sind Insekten.*

**Ein Drittel** aller Insektenarten sind vom Aussterben bedroht.
**33.000** Insektenarten leben in Deutschland, **561** davon sind Wildbienen.

**90** Prozent der Blütenpflanzen sind auf Bestäubung durch Insekten angewiesen.

**Eine** Hummel kann an einem Tag bis zu **3800** Blüten bestäuben, ein Hummelstaat besteht aus **50** bis **600** Tieren.

# Aha

In nur **27** Jahren sind **75** Prozent der Fluginsekten in vielen Regionen Deutschlands verschwunden.**

**194** Arten von Tagfaltern leben in Deutschland, nach Sonnenuntergang aber werden nicht weniger als **3500** Arten von Nachtfaltern aktiv.

**35** Zentimeter lang ist der Körper der Gespenstschrecke aus den Wäldern Borneos. Sie ist das längste aller Insekten.

* Die Schätzungen für die gesamte Zahl an Tierarten reichen von 8,4 bis 50 Millionen.

** Quelle: Entomologischer Verein Krefeld 2017

# Zahlen & Fakten

Die Arbeiterinnen eines Bienenstocks fliegen (bei gutem Wetter) täglich zwei bis drei Millionen Blüten an, ein starkes Bienenvolk besteht aus bis zu **70.000** Tieren. **600.000** Imkerinnen und Imker in der EU betreuen **17 Millionen** Bienenstöcke und produzieren **250.000** Tonnen Honig im Jahr.

**60** Prozent aller Vogelarten fressen hauptsächlich Insekten. Viele Küken vom vegetarisch lebenden Rest der Vogelwelt benötigen Insekten zumindest in ihren ersten Lebenswochen.

# Aha

Mehr als **eine Million** Einwohner kann der Bau der Schwarzen Waldameise beherbergen. Bis zu **100.000** Schadinsekten kann so ein Volk im Laufe eines Tages verputzen.

**150** Pflanzenarten sind darauf angewiesen, dass Waldameisen ihre Samen verbreiten. Die Ameisen unserer Erde wiegen zusammen mehr als alle **7,8 Milliarden** Menschen.

Schmetterlinge sind kurzsichtig. Weiter als **10** bis **12** Meter sehen sie nichts.

# Die Ruhe weg

**Lass dich bloß nicht täuschen von der Betriebsamkeit der Bienen und der Ameisen. Forscher, die genauer hinsehen, erkennen, dass diese scheinbar unermüdlichen Arbeiter „die Ruhe weg“ haben. Und zwar immer dann, wenn keiner hinsieht …**

Das Bild von der fleißigen Biene und der emsigen Ameise hat einen Knick bekommen, seit Forscher ihren Blick von den geschäftigen Massen abwandten, und – wie Detektive – einzelne Tiere „beschatteten“ und heimlich verfolgten. Trotz des wirklich beachtlichen Produktionserfolgs der Staaten zeigte sich beim Einzeltier eine Vorliebe für's ausgiebige Chillen. Allerdings finden die ausgedehnten Pausen sozusagen unter „Ausschluss der Öffentlichkeit“ statt: nämlich nicht draußen im Tageslicht, sondern drinnen im Ameisenbau und im Bienenstock, wo tatsächlich das Leben stattfindet.

78 Prozent ihrer Lebenszeit macht eine Ameise nämlich nichts anderes als zu ruhen. Übertragen auf uns Menschen hieße das, dass wir durchschnittlich 19 Stunden pro Tag schliefen. Bienen bringen es zwar auf ein Verhältnis von 30 Prozent Arbeit zu 70 Prozent Ruhe. Doch dieser Eifer gilt tatsächlich nur für ein paar Wochen im Sommer. Außerhalb der Erntezeit, im zeitigen Frühjahr, im Herbst und im Winter (die meiste Zeit des Jahres also) tendiert die wöchentliche Arbeitszeit gegen Null. Bei Kälte und Schlechtwetter hält man Flügel und Füße still und bedient sich an den Honigtöpfen.

# Das lange Leben der Eintagsfliege

**Wir nennen sie Eintagsfliege, obwohl sie zoologisch nicht zu den Fliegen zählt und obwohl die Lebensdauer als fliegendes Insekt – je nach Art – zwischen 40 Minuten und einer Woche dauert.**

In dieser Zeit kümmert sie sich ausschließlich um Partnersuche, Balztänze, Fortpflanzung und vergeudet keine Sekunde mit Nahrungsaufnahme. Sie besitzt nicht mal einen Mund oder Darm! Während ihrer ein bis vier Jahre dauernden Larvenentwicklung waren diese Organe allerdings noch vorhanden und wurden genutzt. Sogar Kiemen hat die Larve, die bis zur letzten Häutung zum Fluginsekt am Grund von Gewässern lebt und futtert.

Eintagsfliegen gehören zu den Ur-Insekten, die es in ganz ähnlicher Form schon vor 300 Millionen Jahren gab. Bevor die Dinosaurier sich zu ihrem Siegeszug aufmachten, gehörten Eintagsfliegen zu den ersten fliegenden Insekten. Vor 250 Millionen Jahren endete der Ausflug einer Gruppe von Eintagsfliegen im Uferschlamm eines Gewässers, wo sie bleibende Abdrücke hinterließen, aus denen die Forscher viel über die ersten Flieger und die Atmosphäre der Erde lernten. Aus der Fläche der Flügel und der Größe der Flugmuskulatur konnten sie den Auftrieb der Flügelschläge berechnen und so kalkulieren, wie hoch der Luftdruck in der damaligen Atmosphäre war. Es zeigte sich dabei, dass der Luftdruck unserer Erde sich seit damals kaum verändert hat.

# Das Wunder aus der Nachbarschaft

**Er ist einer unserer ersten Schmetterlinge im Licht der Frühlingssonne: der Kleine Fuchs. Fuchsrot, mit schwarzen, gelben und blau schillernden Sprengseln auf den Flügeln. Er kann schon so früh auf Wanderschaft gehen, weil er als einer der ganz wenigen Falter unseren Winter übersteht – verborgen unter Dächern, in Kellern, Schuppen und Garagen. Sobald die Sonne ihn wach küsst und aus der Winterstarre erweckt, zieht es ihn hinaus.**

Zoologisch zählt er zu den Edelfaltern, und seine Anmut hat ihm den wissenschaftlichen Namen „Aglaia" eingetragen. In der griechischen Sagenwelt war Aglaia eine der drei „Grazien", wie die wunderschönen Töchter von Göttervater Zeus genannt wurden. Dass wir der fuchsroten Grazie häufiger begegnen als anderen Schmetterlingen, liegt aber auch daran, dass sie die Nähe des Menschen sucht: Die Winter verbringt der Kleine Fuchs in seinen Gebäuden, die wärmere Jahreszeit in seinen Gärten. Schmetterlingsforscher haben beobachtet, dass die Hälfte der 200 verschiedenen Blütenpflanzen, von denen er Nektar saugt, Gartenpflanzen sind, die in unserer Natur eigentlich nicht vorkommen. Wenn die Grazien einen Partner suchen, tun sie dies an ausgesuchten Plätzen: gern an Bergen oder Hügeln. Hier lassen sie sich von warmen Aufwinden unterstützt weithin sichtbar in die Höhe tragen. Die Flugkünste locken Partner an.

## Aha

Nach der Paarung sucht das Weibchen nach einer Brennnessel. An eine Blattunterseite heftet sie 50 bis 200 winzige Eier. Aus denen schlüpfen nach etwa zwei Wochen kleine Raupen. Die sind teils durch die nesselnde Wirtspflanze vor Räubern geschützt, teils durch ein selbst produziertes, undurchdringliches feines Gespinst, das sie umhüllt. Wie die kleine Raupe Nimmersatt futtern sie sich durch die Nesselblätter, werden immer größer, häuten sich mehrfach – ohne jedoch schöner zu werden. Schwarze, haarige Raupen mit ein paar gelben Bändern und einer Reihe von Stummelfüßchen sind scheinbar so abstoßend, dass nicht einmal hungrige Vögel Appetit auf sie bekommen. Zumal diese haarigen Gesellen fast immer in größeren Pulks auftreten.

Vier Wochen später verliert die Raupe jegliche Form, wirkt wie ein Stück zusammengeknüllter, gelblicher Pappe, hängt sich kopfunter an ein Blatt. Und bleibt so da hängen. In der „Sturzpuppe" nun vollzieht sich in den nächsten zwei Wochen das Wunder …

Eines Morgens beginnt sich die Puppe zu regen, platzt an einer Seite auf – und heraus schält sich die junge Grazie. Kopf voran. Noch sind die Flügel faltig und weich, doch aufgespannt trocknen sie innerhalb von Minuten, ihre Stützen härten sich und ganz ohne Versuch und Übung hebt sich der Kleine Fuchs als der geborene Flieger erstmals in die Lüfte. Und dann geht's weg von den Brennnesseln, hin zu den schönen Blüten, die die Natur und unsere Gärten zu bieten haben.

Aha

# Die wunderbare Wandlung

Viele Insekten durchlaufen verschiedene Stadien der Entwicklung. Sie starten als Raupe, verpuppen sich und werden zum fertigen Insekt, dem sogenannten Imago. Das kann ein paar Wochen dauern, wie beim Kleinen Fuchs oder der Honigbiene, deren Larve in den Waben heranreift, es kann vier Jahre dauern, wie beim Maikäfer, der so lange als Raupe (Engerling) im Boden verbringt. Die Larven von Libellen leben sogar jahrelang unter Wasser, wo sie mit Kiemen atmen!

Gemessen an der Dauer der Jugendentwicklung ist die Lebenszeit der ausgewachsenen Insekten oft kurz. Denk nur mal an die Eintagsfliege, die du ja schon kennengelernt hast (siehe S. 17)! Das Larvenstadium dauert um ein vielfaches länger als das Leben als Fluginsekt.

Es geht aber auch ohne Verwandlung: Heuschrecken und Fangschrecken wie die Gottesanbeterin oder auch Termiten und Läuse sehen von Anfang an – also gleich nachdem sie aus dem Ei geschlüpft sind – genauso aus wie ihre Eltern. Sie pfeifen auf die Verwandlung: Wenn sie wachsen, wird lediglich die starre Haut zu eng, sie häuten sich mehrfach. Im Gegensatz zur Metamorphose nennen Biologen diese Entwicklungsform eine hemimetabole oder „unvollständige Wandlung".

Aus dieser Puppe schlüpft bald ein Schmetterling.

Ein Grashüpfer häutet sich.

Aha EXTRA

# Grüße aus Surinam

**Ihre Heimat Frankfurt ist noch verwüstet vom Dreißigjährigen Krieg, da züchtet und zeichnet die kleine Maria Sibylla, Tochter des berühmten Kupferstechers Matthias Merian, Seidenraupen. Sie sieht genau hin und malt detailliert nach, was sie sieht. Ein ungewöhnliches Hobby für ein Mädchen in dieser Zeit.**

1679 veröffentlicht sie im Alter von 32 Jahren ihr Buch „Der Raupen wunderbare Verwandlung und sonderbare Blumennahrung" mit naturgetreuen Kupferstichen vom Ei bis zum Falter, mit den typischen Futterpflanzen und Blüten. Ein Buch, das ihr hohes Ansehen verschafft. Es war die Zeit, in der viele Menschen noch glaubten, dass Maden von Mücken in Schlamm und Fäulnis als „Teufelsbrut" entstehen. Und es war die Zeit, in der die Wissenschaft noch als eine Domäne von Männern galt!

Ein Stipendium verschafft Maria Sibylla Merian ab 1699 die Möglichkeit, im tropischen Surinam Insekten zu erforschen: Mit Mückenschleier, Schmetterlingsnetz und Staffelei ist sie zwei Jahre in der Natur unterwegs und dokumentiert Raupen, Schmetterlinge und die Futterpflanzen des Landes. Die Malaria zwingt sie zur Rückkehr in ihre Heimat, wo sie schließlich ein Werk über die Metamorphose der Insekten Surinams veröffentlicht.

Dieses Bild von Korallenbaum und
Seidenspinner entstand auf
Maria Sibylla Merians Surinam-Reise.

Aha EXTRA

# Von Käfer, Mücke, Schreck & Co.

Ohrenkneifer

Kugelspringer

Feuerwanze

Fliege

**Autos haben vier Räder. Aber die Modelle sind doch sehr verschieden. Insekten haben sechs Beine. Aber noch viel mehr Modelle als alle Autofirmen der Welt sich erträumen können! Hier findest du einen kleinen Überblick aus dem Modell-Katalog der Insekten:**

- **Bienen und Hummeln** sind staatenbildende Fluginsekten mit vier Flügeln.
- **Fliegen und Mücken** sind Fluginsekten mit zwei Flügeln. Das zweite Flügelpaar ist zurückgebildet.
- **Schmetterlinge und Motten** tragen vier große Flügel, die sich am Rücken zusammenklappen oder anlegen lassen.
- **Libellen und Eintagsfliegen** haben transparente Flügel, die sich nicht einfalten lassen.
- **Fangschrecken und Heuschrecken** hören mit ihren sprungstarken Beinen und können nur kurze Strecken fliegen.
- **Käfer und Ohrwürmer** haben zwei Flügelpaare. Das vordere harte Flügelpaar dient als „Schutzgarage" für die hinteren zusammenfaltbaren Flügel.

- **Kugelspringer und Flöhe** sind nur wenige Millimeter groß, flügellos und teilweise sehr sprungstark.
- **Termiten und Ameisen** bilden Staaten und sehen sich auf den ersten Blick ähnlich. Und doch trennen sie zoologische Welten! (siehe S. 50/51)
- **Wanzen und Schaben** haben abgeplattete Körper. Viele Arten gelten als Schädlinge.

Übrigens: Spinnen, Skorpione und Zecken gehören zwar zu den Gliedertieren, sie sind aber keine Insekten. Mit acht Beinen zählen sie zu den Spinnentieren!

Aha

# Kuriose Käfer

**Marienkäfer** können ganz schön giftig sein. Die Farbe der Käfer zeigt der Vogelwelt, welche sie lieber meiden sollten: Je heller die Farbe, desto ungenießbarer sind die Käfer. Als ob sie es wüssten, dass ihr Gift sie schützt, geben sich helle Marienkäfer keine Mühe, sich zu verstecken.

**Kakerlaken** können bis zu 9 Tage ohne Kopf auskommen. Sie haben so viele verschiedene Schaltstellen im Körper, dass sie problemlos ohne Kopf weiterlaufen, sich häuten und sogar paaren. Der Nervenknoten über dem Schlund, also das eigentliche Gehirn, ist nicht lebensnotwendig. Für Mobilität und Verdauung sorgen weitere eigenständige Ganglienpaare (Kleingehirne) im hinteren Körperbereich.

**Stierkäfer** ernähren sich und ihre Nachkommen ausschließlich von Kaninchenkötteln. Nach der Paarung graben die Käfer einen bis zu einen Meter tiefen Gang in den Boden. Dort hinein legen sie die Larve. Zum Start ins Leben hinterlassen ihr die fürsorglichen Eltern eine Kugel Kaninchenkot.

**Bombardierkäfer** wehren sich gegen Vögel und andere Fressfeinde, indem sie die mit einem heißen Gasgemisch, das sie aus Wasserstoffperoxid und einem Enzym herstellen, bombardieren. Das ca. 100°C heiße Trommelfeuer wird in Serie aus dem Hinterteil abgefeuert.

**Rüsselkäfer** verdanken ihren Namen dem Werkzeug, das aus ihrem Kopf herauswächst. Dieses nutzen sie nicht nur zum Bohren harter Nüsse. Vielseitig wie ein Schweizer Messer sind die Rüssel der verschiedenen Arten. Kaum eine Pflanzengruppe ist vor Rüsselkäfern sicher; selbst die winzige Wasserlinse ernährt einen eigenen Plagegeist, der mit einem für sie maßgeschneiderten Fresswerkzeug ausgestattet ist.

Aha EXTRA

# Insektenstars

**Wer eine neue Insektenart entdeckt, hat das Recht, ihr einen wissenschaftlichen Namen zu geben. Manchmal sind es Ähnlichkeiten, die Entdecker neuer Insektenarten auf die Idee bringen, den Namen eines Prominenten zu vergeben …**

**Die Einstein-Raupe**
Die Haare der Raupe erinnern an die Frisur des genialen Physikers Albert Einstein. Findest du nicht?

**Die Motte Donald Trump**
In Kalifornien entdeckte der Biologe Vazrick Nazari eine bislang unbekannte Motte mit gelblich-weißen Schuppen auf dem Kopf. Die erinnerten ihn an den 45. US-Präsidenten, darum nannte er sie *Neopalpa donaldtrumpi*.

**Der Käfer Greta Thunberg**
Weil seine Fühler an die Zöpfe der Klima-Aktivistin erinnern, benannte der Zoologe Michael Darby einen Käfer *Nelloptodes gretae*.

**Die Bill Gates Fliege**
Die Schwebfliege aus Costa Rica weiß es zwar selbst noch nicht – aber seit kurzem trägt *Eristalis gatesi* den Namen eines der reichsten Menschen der Welt, des Microsoftgründers Bill Gates.

**Die Bremse Beyoncé**
Für die Sängerin Beyoncé Knowles ist es vielleicht eine etwas zweifelhafte Ehre, dass eine Pferdebremse wegen ihres runden Hinterteils von einem australischen Zoologen den wissenschaftlichen Namen *Scaptia beyonceae* erhielt.

# Glücksbringer und Superstar

**Es gibt Tiere, über die gehen die Meinungen der Menschen auseinander: Der eine mag Hunde, der andere lieber Katzen, viele mögen keine Spinnen oder Schlangen, andere lieben sie und halten sie als Haustier … Doch es gibt ein Tier, das jeder mag. Und zwar weltweit!**

Die Rede ist vom Marienkäfer. In verschiedenen Regionen Deutschlands auch als Herrgottskäfer und Himmelsmiezchen bekannt, in England als Ladybug, was dem Käfer der Muttergottes entspricht, in Frankreich als Gotteskäfer … In Schweden heißt der 7-Punkt-Marienkäfer Marias Schlüsselmagd.
Er dürfte der älteste Glücksbringer der Menschheit überhaupt sein: In Südfrankreich in einer Höhle fand man ein Marienkäferchen, geschnitzt aus dem Elfenbein eines Mammuts. Das Amulett hatte eine Bohrung für den Faden, mit dem es ein Steinzeitmensch vor mehr als 20.000 Jahren um den Hals trug!
Doch Marienkäfer sind nicht nur hübsch, sondern auch nützlich: als biologische Schädlingsbekämpfer im Garten. Kaum aus dem Ei geschlüpft, beginnt die 2–3 mm kurze Raupe mit dem Verzehr von Blattläusen. Je nach Wetter,

Temperatur, Art und Nahrungsangebot dauert die weitere Entwicklung der Larve ein bis zwei Monate. In dieser Zeit futtert so eine kleine „Raupe Nimmersatt“ rund 3000 Blattläuse und Spinnmilben. Die Larvenhülle wird bald zu eng und im Lauf der Entwicklung drei- bis viermal gewechselt. Dann heftet sich die Larve am Hinterende mit einem Klebesekret fest an eine Pflanze. Und umgibt sich mit einer festen Hülle, die aussieht wie eine Mumie. Nach etwa einer Woche ist die Wandlung vollzogen, dann schlüpft aus der starren Mumie ein fast fertiger Marienkäfer. Jetzt dauert es nur noch wenige Stunden, bis die Farben glänzen und die Flügel so viel Festigkeit gewonnen haben, dass der kleine Käfer auf der Spitze eines Ästchens oder Halmes erstmals die Flügel ausbreitet und sich in den Himmel erhebt …

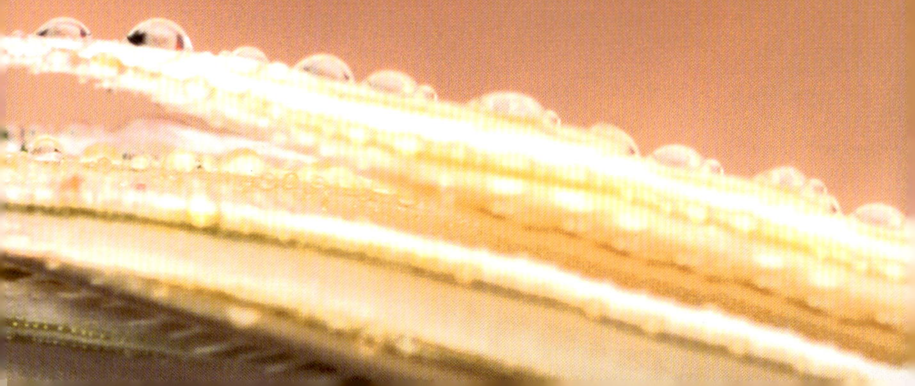

Ach so!

## Sieger mit Punkten

Die Familie der Marienkäfer ist nahezu weltweit verbreitet. Ihre Farben reichen von Schwarz über Rot bis zu Gelb. Die Anzahl der Punkte gibt nicht – wie viele glauben – das Alter in Jahren wieder. Jede eigene Art hat ihre Punktzahl, die zeitlebens unverändert bleibt. Es gibt z. B. 2-, 4-, 5-, 6-Punkt-Marienkäfer; die Zahlenreihe reicht bis zum 24-Punkt-Marienkäfer.
Also: Bitte nicht wundern, wenn dir mal ein Marienkäfer ganz ohne Punkt über den Weg läuft. Auch solche gibt's in der Natur!

Aha

# Was macht eigentlich ein Imker?

**Weiß doch jeder! Er hält Bienen und produziert hauptsächlich Honig und Wachs. Was aber die wenigsten wissen: Das Wort Imker stammt aus Norddeutschland. Dort hießen Bienen früher „Immen" und „Ker" war der Korb. Der Imker ist also einer, der Bienen im Korb hält!**

Heute ist das recht gemütlich. Denn Honigbienen sind nach über 10.000 Jahren durch gezielte Zucht und Auslese zu friedfertigen Haustieren geworden. Kein Vergleich zu ihren stechwütigen wilden Vettern, von deren Honigvorräten sich schon in der Steinzeit Menschen bedienten. Mit Feuer mussten damals die wütenden Bienen erst vernichtet werden, bevor man ihre Waben aus der Baumhöhle holen konnte.

Bevor es Schokoriegel gab, war Honig so ziemlich die einzige Süßspeise für Menschen. Und entsprechend beliebt. 3000 v.Chr. stand Honig im Land der Pharaonen als „Speise der Götter" hoch im Kurs. Mit dem Bienenwachs wurden Mumien konserviert und Schriftstücke versiegelt. Im Mittelalter wurden die Imkerei und die Wachsproduktion zu geachteten Zünften. Erst im 18. Jahrhundert verlor die Imkerei an Bedeutung. Massenhaft industriell hergestellter Zucker aus der Zuckerrübe und dem Zuckerrohr der Kolonien ersetzte den teureren Honig. Mit der Imkerei ging es bergab. Heute gibt es wieder mehr (Hobby-)Imker, die Bienen im eigenen Garten züchten – oder wie in Essen, München oder Berlin sogar auf den Dächern von Bürogebäuden!

# Völkerwanderung

**Kannst du das glauben? In Berlin leben heute schon doppelt so viele Bienen wie Menschen! Die Bienenvölker kamen allerdings nicht von selbst in die Stadt, sie wurden gebracht. Mit dem Auto, mit der Bahn, mit dem Paketversand auf Bestellung. Denn viele Städter haben ein neues Hobby entdeckt – die Imkerei.**

Mehr als 500 Imker in Deutschlands Hauptstadt haben ihre Bienenstöcke auf Dachgärten, Balkonen, Terrassen in den Höfen aufgestellt. Das sind etwa 2000 Völker mit 8 bis 10 Millionen emsigen Arbeiterinnen im Außendienst. Die Imker schleudern ihren eigenen Honig aus den eigenen Waben. Wenn der Honig vom Imkerverband das Prädikat „biologisch" erhält, darf er sogar verkauft werden.

Aber ist Honig aus der City tatsächlich biologisch und gesund? Oder beziehen die Stadtbienen ihren Zucker ganz einfach aus Limonade und Kuchen und produzieren mehr Kunst- als Blütenhonig?

Dieser Frage gingen Biologen der Universität von North Carolina nach, denn auch in den USA ist das „Urban Beekeeping" voll im Trend. Die Forscher untersuchten den Honig der City-Bienen auf Industriezucker und waren überrascht, nicht eine Spur davon zu finden! Es gibt also keinen Unterschied zwischen Land- und Stadthonig. Die Bienen stehen auf Qualität, sie suchen im Häusermeer ihren Nektar gezielt bei Mauerblümchen, in Alleen, Parks, Gärten und Balkonpflanzen.

Aha EXTRA

# Flüssig oder fest?

**Was magst du lieber? Flüssigen Honig oder festen? Du kennst das sicher auch: Flüssiger Honig läuft vom Brötchen schneller runter als du abbeißen kannst. Eine klebrige Geschichte! Besser geht's da schon mit den festeren bis cremigen Sorten. Aber wie kommt es eigentlich, dass mancher Honig flüssig ist und anderer fest?**

Hauptsächlich liegt das an der Zusammensetzung des Nektars, also der Blüten, die besucht wurden. Der Nektar enthält drei Zuckerarten: Glukose (Traubenzucker), Fructose (Fruchtzucker) und Saccharose, der Verbindung aus Frucht- und Traubenzucker. Gleich nachdem er aus den Waben geschleudert wird, ist jeder Honig flüssig. Doch bei einigen ändert sich das nach wenigen Tagen. Je mehr Traubenzucker der Honig enthält, desto eher kristallisiert er. Honig von Raps und von Obstbaumblüten enthält viel Traubenzucker, ist also in der Regel fest, Wald- und Wiesenblüten dagegen enthalten mehr Fructose. Sie bleiben eher flüssig. Ebenso wie Honig aus der Stadt.

# Fieber im Staat

**Wusstest du, dass Bienen Fieber bekommen können? Eigentlich nicht die Bienen, aber der Bienenstock. Die Temperatur im Bienenstock ist kein Zufall und auch nicht in erster Linie abhängig von der jeweiligen Außentemperatur. Sie wird vielmehr von den Arbeiterinnen systematisch geregelt.**

Wenn es im Sommer zu heiß wird, schicken sie einige Kollegen als lebende Ventilatoren an die Eingangsöffnung. Dort können sie mit ihren Flügeln frischen Wind in den Stock fächeln. Für weitere Abkühlung sorgt Wasser, das von den Insekten ausgebracht wird. Wenn die Temperatur zu sehr fällt, verlangsamt sich die Entwicklung der Bienenlarven. Um deren Wachstum zu beschleunigen, können Bienen aber auch die Heizung aufdrehen. Bei verstärkter Bewegung setzen ihre winzigen Muskeln zu Tausenden Wärmeenergie frei. Die Temperatur im Stock steigt.
Weit über's normale Maß steigt die Temperatur aber an, wenn der Stock von einem parasitischen Pilz befallen wird. Bei Infektion durch diesen gefährlichen Krankheitserreger, der ganze Staaten dahinraffen kann, steigt die Temperatur um 0,56°C über den üblichen Spitzenwert. Bei diesen Fieberwerten kann sich der Pilz nicht entwickeln und stirbt nach einigen Stunden bis Tagen ab.
Aber nicht nur Pilze, sondern auch Milben können ein ganzes Bienenvolk dahinraffen: Die Varroa-Milbe, gerade mal 1,7 Millimeter groß, saugt wie ein Vampir den Bienen ihr Blut aus. Dabei kann sie durch die Bisswunden auch noch krank machende Viren übertragen. Die Milbe vermehrt sich auf der Bienenbrut, sodass die Kleinen schon beim Schlüpfen geschwächt sind und nicht lange leben.

# Aha

Gegen die Schädlinge gehen Imker bisher vor allem mit Ameisen-, Milch- oder Oxalsäure vor. Das Problem: Die Säure tötet nicht nur die Milbe, sondern schwächt auch die Bienen selbst. Und: Die Behandlung darf nur dann erfolgen, wenn die Bienen keinen Honig produzieren, da sonst Rückstände in den Honig und damit in unsere Nahrung gelangen könnten.

Auf der Suche nach einer Möglichkeit zur Bekämpfung der Bienenplage ohne Chemie kamen Imker auf eine tolle Idee – sie erfanden eine Bienensauna: Honigbienen halten Temperaturen von bis zu 45°C aus. Dagegen sterben Varroa-Milben schon bei ca. 38°C. So können die Bienen von den Schädlingen auch ohne Chemie befreit werden. Beim schonenden Aufheizen der „Bienensauna" auf 42°C bleiben die Bienen ruhig. Nur der Milbe wird's ungemütlich. Sie verzieht sich in einen kühleren Unterbau. Dort aber wartet eine elektrische Falle auf die Milbe und befördert sie ins Jenseits.

Nach zwei Stunden saunieren können die Bienen die Heimsauna befreit und gesund verlassen.

# Feueralarm!

**Früh genug entdeckt, kann ein gezielter Harnstrahl einen Waldbrand löschen – wenig später ist eine ganze Flotte von Löschflugzeugen machtlos! Und was hat das mit Insekten zu tun? Ganz einfach, die Lösung eines Problems liegt wie so oft in der Natur …**

Auf der Suche nach einem Frühwarnsystem für Brände haben Forscher den Käfer ins Visier genommen, der immer als erster zur Stelle ist, wenn es irgendwo raucht. Der nordamerikanische Feuerkäfer, schwarz wie ein Schornsteinfeger, liebt Feuersbrünste. Er braucht sie zum Überleben. Denn *Melanophila acuminata*, so der wissenschaftliche Name des Käfers, legt seine Eier ausschließlich in frisch verkohlte Baumstümpfe. In seinen Fühlern trägt der Waldbrandfan hochentwickelte Empfänger, die feinste Spuren von Rauch sogar noch über eine Entfernung von 100 Kilometern wahrnehmen.
In vielen Jahrtausenden, in denen Waldbrände der Natur der

nordamerikanischen Prärie und Wälder ihren Stempel aufgeprägt haben, konnte sich der schwarze Käfer eine ausgefallene ökologische Nische erobern: frisch abgebranntes Holz als Kinderstube und Vorratskammer für seinen Nachwuchs. Schneller als andere Nutznießer wie Pilze, Termiten oder Rindenkäfer ist er am Ort.
Wenn es gelingt, das Geheimnis der Käfersensoren zu lüften, könnte das künftig dazu beitragen, hochsensible Rauchmelder zu entwickeln. Die könnten als Frühwarnsystem manche katastrophalen Waldbrände verhindern.

Aha

# Evolution zum Zuschauen

**Helle Flügel mit ein paar dunklen Strukturen: Wenn der Birkenspanner tagsüber auf der Rinde einer Birke schläft, ist er perfekt getarnt und für Vögel fast unsichtbar. Das funktionierte jedenfalls, so lange Birkenrinde weiß war.**

Doch mit der Industriellen Revolution im 19. Jahrhundert bliesen Industrieschlote jede Menge Ruß in die Luft. Der legte sich auf die Umgebung und verdunkelte auch die Birkenrinde. Für den hellen Birkenspanner war das fatal: Zum ersten Mal in der Jahrtausende alten gemeinsamen Geschichte flog seine Tarnung auf. Weithin konnten Räuber ihn auf dem dunklen Untergrund entdecken. Sozusagen Weiß auf Schwarz!

Einer Minderheit derselben Art brachte die schwarze Farbe Glück. Denn es gab auch eine dunkle Version des Birkenspanners. Die einst seltenen „Fehlfarben" waren auf den verrußten Stämmen plötzlich bestens getarnt. Ein aufmerksamer britischer Biologe zählte Falter der beiden Formen. Er konnte zeigen, wie sich die Verhältnisse durch die Verschmutzung änderten. Innerhalb weniger Jahre waren die dunklen Birkenspanner in der Mehrheit – die hellen dagegen fast verschwunden.

So viel Dreck in der Luft und auf den Bäumen – das konnte doch auch für Menschen nicht gesund sein. In den sechziger Jahren des 20. Jahrhunderts beschloss die englische Regierung ein Gesetz zur Reinhaltung der Luft. Eines der ersten Gesetzte zum Schutz der Umwelt sorgte nun mit Filtern in den Schloten und neuen Techniken dafür, dass in wenigen Jahren der Ruß aus der Luft und von den weißen Rinden verschwand. Pech für schwarze Birkenspanner, die nun der Vogelwelt zum Opfer fielen. Das Verhältnis kehrte sich um: Vier von fünf Birkenspannern sind nun wieder weiß.

Zwei Dinge lernen wir daraus: Tierarten können sich schnell an veränderte Umweltbedingungen anpassen. Und: Insekten geben Auskunft über Bedrohung und Qualität unserer Umwelt!

# Die heimliche Weltmacht

**Wie Bienen bilden auch Ameisen Staaten. Als erfolgreichste Gruppe unter den Insekten haben sie die ganze Welt erobert: Zusammengenommen wiegen sie mehr als alle Menschen der Erde.**

Der Schlüssel zum Erfolg ist ihre Fähigkeit zur Zusammenarbeit. Jeder hat seinen Platz im Staat: Da gibt es die Königin, die für den Nachwuchs sorgt, da sind die Arbeiter, die den Nachwuchs versorgen und die Wiegen sauber halten. Andere sind mit dem Bau des Nests beschäftigt, bringen Nahrung heran. Wieder andere verteidigen als Soldaten ihren Staat.

Gut 9000 verschiedene Ameisenarten sind inzwischen weltweit bekannt. Sie alle haben ihre eigene Organisationsform und eigene Methoden, um Probleme zu meistern. Das zeigt dieses Beispiel: In den Röhren von Bambus wohnt die Ameise *Cataulacus muticus*. Wenn es regnet, stecken speziell für diese Aufgabe ausgestattete Mitglieder der Ameisengesellschaft ihre Köpfe wie Stöpsel in die Ein- und Ausgänge des Nests. Doch manchmal passiert es, dass Wasser an den Stöpselköpfen vorbei ins Nest läuft. Dafür hat der Staat einen Plan B: Jede Ameise trinkt so viel, wie eben in sie hineinpasst. Voll beladen und mit kugelrund aufgeblähten Leibern gehen die Tiere dann wie Wassertropfen auf sechs Beinen ins Freie, um ihre Last auf dem normalen Weg des Wasserlassens auszuscheiden.

Manche Bäume legen es geradezu darauf an, von Ameisen besiedelt zu werden. Besonders in Tropenwäldern, wo Schlingpflanzen und Blätter von Nachbarn ihnen das Licht wegnehmen. Der Ameisenbaum, die Ameisenakazie und andere bilden an ihren Blättern kleine Happen als Lockfutter für die Ameisen aus. Die Häppchen haben sogar Sollbruchstellen, die den

Ameisen das Pflücken erleichtern. Warum ist der Baum so großzügig? Nun, er lebt mit den Ameisen in einer Symbiose. Die Insekten revanchieren sich als Baumpfleger. Wann immer eine Schlingpflanze sich ihrem Baum nähert, schneiden sie ihn frei. Das gilt auch für Blätter und Zweige von Nachbarbäumen, die ihrem Ernährer zu nahe kommen. Eine Zusammenarbeit also, die beiden Seiten hilft.

Ameisen verteidigen ihre Heimat auch schon mal mit recht rabiaten chemischen Waffen. Sie springen einen Eindringling massenhaft an und erteilen ihm eine Lektion, indem sie ihn mit ätzender Ameisensäure bombardieren. Das ist allerdings lediglich eine kleine Unannehmlichkeit im Vergleich zu einer Begegnung mit Soldatenameisen …

Wenn die Armeen dieser sechsbeinigen Soldaten aufmarschieren, verteidigen sie allerdings keinen Bau und keine Heimat. Denn beides haben sie nicht auf ihrer lebenslangen Wanderschaft. Sie ziehen in Heeresscharen von bis zu 700.000 Tieren durch tropische Dschungel und fressen alles, was nicht schnell genug flüchten kann. Nicht nur Insekten fallen ihnen zum Opfer. Auch Eidechsen, Nager und Vögel werden überwältigt, indem die Soldaten sie an die Kette legen. Mit zangengleichen Kiefern packt die Vorhut die Beute. Weitere halten sich an ihr fest, wie die Glieder einer Kette. Schließlich kann das Opfer sich nicht mehr bewegen.

Mit dieser Kettentechnik bauen die Pioniere auch Brücken aus ihren Körpern. Die gesamte Armee inklusive Proviant, Eiern, Puppen und Königin marschiert auf dem Rücken der Kettenbauer über Bäche und andere Hindernisse. Bei Einbruch der Dunkelheit versammelt sich die ganze Armee zu einem Biwak (so wird ein Lager im Freien beim Militär genannt).

# Die falsche Prinzessin im Ameisennest

**Der Schwarzgefleckte Bläuling sieht so harmlos aus! Auf wilden Wiesen findet der kleine Falter seinen Nektar. Kannst du glauben, dass er es faustdick hinter den Ohren hat?**

Der Schwarzgefleckte Bläuling ist ein Brutparasit, der sich raffiniert und niederträchtig in die Nester der Ameisenart Säbeldornige Knotenameise einschmuggelt. Und zwar so: Der Bläuling legt sein Ei auf Blätter des Wilden Thymians, wo nach einigen Tagen die Larve schlüpft. Die Larve lässt sich auf den Wiesenboden fallen. Normalerweise ein gefundenes Fressen für Ameisen. Doch diese Larve strömt einen für die Knotenameise unwiderstehlichen Duft aus. Der bringt sie dazu, sie in den Bau zu tragen und zu versorgen, als wäre sie eine ihrer angehenden Königinnen. Was daran liegt, dass die Raupe nicht nur duftet wie eine echte Ameisenprinzessin, sondern auch daran, dass sie die Signaltöne von künftigen Königinnen

Schwarzgefleckter Bläuling

## Aha

täuschend echt imitieren kann. So setzt sie sich ins gemachte Nest und wird königlich vom Staat versorgt.
Die fette Raupe dankt es aber nicht. Ganz im Gegenteil: Den Winter über ernährt sie sich vom Nachwuchs der Ameisen. Bis sie sich im Frühjahr verpuppt und als blauer Falter davonfliegt …

Weltweit gibt es mehr als 5000 Arten von Bläulings-Schmetterlingen. Die meisten von ihnen leben von oder mit Ameisen wie der Schwarzgefleckte Bläuling, der als Brutparasit auf nur eine Ameisenart spezialisiert ist. Keine andere Ameisenart fällt auf seine Tricks herein! Kein Wunder, dass ein so komplizierter und fein wie ein Uhrwerk abgestimmter Lebensweg gegenüber Störungen empfindlich ist. So gelten fast alle unserer heimischen Bläulingsarten wegen Veränderungen ihrer Umwelt als gefährdet.

Gemeiner oder Hauhechel-Bläuling

# Sechsbeinige Einwanderer

**Im Zuge des Klimawandels breiten sich wärmeliebende Insektenarten bei uns aus. Hier findest du einige der Insekten-Einwanderer, die das immer wärmer werdende Klima zu uns gebracht hat:**

**Die Gottesanbeterin**
Sie ist eigentlich südlich der Alpen zu Hause, findet es aber schon länger gemütlich in warmen Regionen Deutschlands, wie z. B. am Kaiserstuhl am Oberrhein. Seit einigen Jahren ist sie weiter auf dem Weg nach Norden. So findet man sie inzwischen auch schon in der Eifel!

Aha EXTRA

**Die Feuerlibelle**
Afrika und der Mittelmeerraum sind eigentlich die Heimat der Feuerlibelle. 1990 wurden die ersten Exemplare jedoch in Süddeutschland gesehen. Inzwischen hat sie sich bis zur Nord- und Ostseeküste ausgebreitet.

**Das Taubenschwänzchen**
Wie Kolibris stehen diese Falter im Schwirrflug vor der Blüte in der Luft und saugen Nektar mit einem langen Rüssel. Die Gäste von der Alpensüdseite sind gekommen um zu bleiben. Seit einigen Jahren sorgen sie auch bei uns für Nachwuchs.

**Der Distelfalter**
Er kommt zum Sommer in Schwärmen aus dem Süden zu uns. Von Naturschützern wird der „Masseneinflug“ alljährlich registriert. 2019 war ein Rekordjahr! Mit den immer wärmer werdenden Sommern breitet sich die Art stetig Richtung Norden aus.

Aha EXTRA

# Auf dem richtigen Weg

**Du hast ja schon gelesen, dass viele Insekten aus dem Süden zu uns kommen. Hast du dich auch gefragt, wie sie den Weg finden? Es gibt ja keine Wegweiser für Insekten, und ein Navigationsgerät haben sie natürlich auch nicht. Aber die Natur sorgt dafür, dass sie trotzdem ihren Weg finden.**

Manche haben einen Kompass im Kopf und orientieren sich am Magnetfeld der Erde. Andere richten sich nach dem Sonnenstand oder ziehen entlang von Flüssen, Bergen oder anderen markanten Landmarken.
Beim Distelfalter wurde sogar beobachtet, dass er auch Eisenbahnschienen folgt. Sogar durch Bahnhöfe und Unterführungen behält er seinen Kurs!

# Lärm nach Stundenplan

**Wenn du schon mal Ferien am Mittelmeer gemacht hast, dann kennst du vielleicht das schrille Geräusch der Zikaden. Zikaden zählen zu den lautesten aller Insekten. Mit einem Schallpegel von bis zu 120 Dezibel können sie einen startenden Jet übertönen. Zum Vergleich: Eine Kreissäge bringt es auf 100, ein Staubsauger darf nicht lauter sein als 85 Dezibel, ein Auto bringt es auf 72 und ein normales Gespräch auf rund 50 Dezibel.**

17.45 Uhr im Dschungel von Panama. Die „Viertel-vor-Sechs"-Zikaden des mittelamerikanischen Landes stimmen auf einen Schlag ihr Schrillen an. Ein geheimes Kommando?

Fehlanzeige. Der regelmäßige Rhythmus der tropischen Sonnenuntergänge gibt den Zeittakt an – wie ein Wecker. Tag für Tag. In allen Tropen der Welt finden sich Zikaden-Orchester, deren Einsatz auf die Minute abgestimmt ist. Zu festen Zeiten reiben die Insekten ihre harten Mundinstrumente an einer hornigen Schrill-Leiste am Bauch und erzeugen damit das Geräusch.

Aber nicht nur Tages-, sondern auch Jahreszyklen bestimmen das Leben dieser fleißigen Musikanten. Die meisten Arten tragen bereits in ihrem wissenschaftlichen Namen Jahreszyklen: So gibt es die 3-Jahres-Zikade, die Fünf-Jahres-Zikade, die 7-,11-,13- und die 17-Jahres-Zikade. Das Kennzeichen all dieser Arten ist, dass ihr Larvenstadium die entsprechende Zahl von Jahren dauert, bis das voll ausgebildete Insekt Lärm machen kann.

Klugen Forschern fiel schon vor Jahren auf, dass es sich bei den Jahresrhythmen der Zikaden um Primzahlen handelt. Das sind Zahlen, die ausschließlich durch Eins und durch sich selbst teilbar sind. Der rechnerische Vorteil für die Zikaden: Sie entgehen damit Parasiten, die genauso wie sie einen mehrjährigen Zyklus durchlaufen. Und damit machen die Zikaden ihren Schädlingen einen Strich durch die Rechnung.

Wenn du mal eine Zikade hören möchtest, kannst du das hier:
https://www.youtube.com/watch?v=5iFejWL00ds

# Abriss und Aufbau

**„Termites“ heißt „Beender“ oder auch „Vollstrecker“. So nannten die Römer diese Krabbeltiere. Wenn sie einmal im Holz steckten, war es bald um das Gebäude geschehen. Denn Termiten haben Holz zum Fressen gern und sind beim Futtern kaum zu stoppen.**

Wegen ihrer meist hellen Farbe werden sie auch oft „Weiße Ameisen“ genannt, haben aber kaum was mit ihnen zu tun. Sie leben zwar auch in Staaten, in gemeinsamen Bauten – doch das war es auch schon mit den Gemeinsamkeiten. Zoologisch sind Termiten eher mit Schaben verwandt. Während Ameisen oft Allesfresser oder auf Fleisch, Aas, Samen und Pilze spezialisiert sind, ernähren sich Termiten grundsätzlich vegetarisch. Ein ziemlich aufwändiges Verdauungssystem macht es möglich, dass sie von Zellulose aus Holz und Gras leben können. Bei der Verdauung hilft ein ganzes Heer von Bakterien und Einzellern im Enddarm. Der braucht deshalb eine Menge Platz, sodass bei Termiten das Hinterende drall und lang ist. Termiten leben in den wärmeren Regionen der Erde. In den Tropen sind ihre

Zu Beginn der Regenzeit beleuchten Larven von Glühwürmchen die Termitenhügel, in denen sie zur „Untermiete“ wohnen. Die gefräßigen Larven leben von den Fluginsekten, die sie mit ihrem Licht anlocken.

Jeder hat so seine Methode, sich zu kratzen, wo es juckt. Was tun, wenn der Rüssel nicht ans Hinterteil gelangt und sich kein Kratzbaum am Horizont zeigt, an dem man sich schubbern könnte? Der Elefant nutzt einen Termitenhügel, um sich an seinem Allerwertesten zu schubbern.

Bauten nicht zu übersehen. Sie bestimmen oft das Landschaftsbild und bieten großen und kleinen Tieren Heimat und Komfort.
Australiens Buntwarane nutzen Termitenhügel als Wiege. Weibchen graben ein Loch in den Hügel und legen ihre Eier hinein. Termiten mögen aber keine Löcher in ihrer Behausung. Sie schließen die Öffnung umgehend mit ihrem stabilen Holz-Zement-Baustoff. Abgeschlossen und in Sicherheit reifen dann die Eier des Warans. Pünktlich zum Schlüpftermin kehrt das Weibchen zurück und reißt mit ihren Krallen eine Bresche in den Hügel. Ohne ihre Hilfe würden die Kleinen eingemauert bleiben – doch so flitzen nun ihre bis zu 30 Waran-Kinder ins Freie.

# Der Stern von Madagaskar …

**… ist gar kein Stern. „Stern von Madagaskar“ heißt eine ungewöhnliche Orchidee. Das ist eine exotische Blume, deren Blüte aussieht wie ein Stern.**

Der Stern von Madagaskar wurde Mitte des 19. Jahrhunderts erstmals wissenschaftlich beschrieben. Besonders staunten die Forscher damals über den langen Kelch am Blütengrund: sehr schmal und fast 30 cm lang! So etwas hatte man noch nicht gesehen. Kein damals bekanntes Insekt konnte den Blütennektar erreichen.

Charles Darwin (1809–1882), der Begründer der Evolutionstheorie, hatte erkannt, dass Blütenpflanzen und ihre Bestäuber sich gemeinsam entwickeln. Oft passten die Mundwerkzeuge der Insekten zur Blüte wie der Schlüssel ins Schloss. Und so war Darwin davon überzeugt, dass es einen Nachtfalter geben musste, der mit einem Saugrüssel von entsprechender Länge ausgestattet war. 40 Jahre nach Darwins Vorhersage wurde der Bestäuber der Orchidee tatsächlich entdeckt. Zu Ehren von Charles Darwin erhielt der Falter den wissenschaftlichen Namen: *Xanthopan morgani praedicta* („praedicta“ ist Latein und bedeutet so viel wie „der Vorhergesagte“).

Aber wie kommt es dazu, dass einige Pflanzen wie der Stern von Madagaskar nur für einen einzigen Bestäuber zugänglich sind? Charles Darwin erklärt dies mit einer gemeinsamen Entwicklung, die sowohl der Pflanze als auch dem Besucher Vorteile bringt: Die Pflanze stellt mit dem exklusiven Zutritt zu ihrem Nektar sicher, dass sie nur von Pollen derselben Art bestäubt wird. Denn der spezialisierte Besucher geht nicht an andere Blütenarten. Das hat er auch nicht nötig, weil er sich an seiner Nektarquelle konkurrenzlos bedienen kann!

Aha

# Betrunkene Bienen und strenge Türsteher

**Auch Bienen haben Durst. Besonders, wenn es heiß ist.**

In Australien beobachten Insektenforscher mitunter Merkwürdiges: Scharen von Arbeiterinnen, die (anstatt fleißig Nektar zu sammeln), an einer Pfütze nippen. Wenn sie dann auffliegen, fliegen sie Kurven, Kreise oder rauschen vor Bäume, Büsche, Hecken und fallen zu Boden.
Die Orientierung ist dahin, ebenso wie der sprichwörtliche Bienenfleiß. Das liegt daran, dass in diesen beliebten Pfützen Beeren oder Früchte gammeln. Beim Vergären ihres Zuckers entsteht Alkohol, der das Wasser in einen leckeren Cocktail verwandelt. Entsprechend beschwingt verlassen die Bienen ihre „Theke“.
Glück haben die Arbeiterinnen, die nicht gleich zum heimischen Stock finden und ihren Rausch draußen ausschlafen. Denn Wächter am Eingang würden sie nicht hereinlassen. Die greifen Bienen an, die nach Alkohol riechen, stoßen sie weg und stechen sie gelegentlich tot. So brutal das klingt – es ist für das Überleben der anderen Bienen und der Brut wichtig. Denn wenn eine Biene mit ihrer Nektarfracht auch Fermente zur alkoholischen Gärung in die Vorräte trägt, könnte ein unwiderstehlich leckerer Honigwein entstehen, der den ganzen Stock berauscht und zu dessen Ende führen würde.

# Laternenparty

**Wo sie tanzen, ist die Welt noch in Ordnung. Tatsächlich, denn die leuchtenden Käfer gelten als „Bioindikatoren", an denen sich ablesen lässt, ob die Umwelt mit Giften belastet ist.**

Glühwürmchen reagieren sehr empfindlich auf die Verschmutzung der Atmosphäre. Denn sie sind Räuber und leben von Insekten und anderen Gliedertieren. Sind diese auch nur ein kleines bisschen von Giften belastet, dann sind sie für die Glühwürmchen gefährlich, besonders in der rund drei Jahre dauernden Entwicklung, die sie als Raupen verbringen.

Bei uns leben mit dem Großen, dem Kleinen und dem Kurzflügler-Leuchtkäfer drei Arten von Glühwürmchen. Beim Großen und Kleinen Leuchtkäfer locken die schwereren, flugunfähigen Weibchen die fliegenden Gatten mit Lichtsignalen zu sich. Nach der Paarung sieht sich das Männchen nach weiteren Weibchen um.

In manchen Teilen der Erde ist die Brautschau für die Männerwelt allerdings riskant. Weibchen der nordamerikanischen Käfer Photuris haben einen fiesen Trick auf Lager: Sie schalten ihre Liebeslampen auf die Blinkfolge, mit der eigentlich die Weibchen der verwandten Gattung Photunis ihre Paarungsbereitschaft anzeigen. Erliegt nun ein Photunis-Männchen den Lockungen, packt ihn die Liebesfalle und frisst ihn auf.

Die Langzeitbelichtung zeigt den Weg der blinkenden Glühwürmchen.

Aha EXTRA

# Wer weiß denn sowas über Bienen?

## Honig gab's mal auf Rezept

Die ersten Ärzte im alten Griechenland heilten viele Beschwerden mit Honig. Deshalb heißt es, dass das slawische Wort „med" (= Honig) der Ursprung aller Medizin war. Honig enthält Antibiotika, die bei Infektionen helfen. Die frühen Ärzte behandelten damit die Wunden ihrer Patienten.

## Ein Staat im Fieber

Bienenstöcke können genauso Fieber entwickeln wie Menschen. Die Temperatur im Bienenstock wird von den Arbeiterinnen geregelt. Sie können durch Bewegung ihrer winzigen Muskeln zu Tausenden Wärme produzieren. Wird der Stock von schädlichen Pilzen befallen, macht der ganze Staat mit und steigert die Temperatur so hoch, dass der Pilz sich nicht entwickeln kann.

## Parfum im Gepäck

Prachtbienen in Mittelamerika setzen bei der Partnersuche auf verführerische Düfte. Die Männchen haben daran schwer zu tragen: Sie stellen im Lauf ihres Lebens ein Parfum zusammen, das sie in Taschen an den Hinterbeinen aufbewahren. Wenn die Taschen voll sind, entlassen sie ihr Parfum, um Weibchen über große Entfernung anzulocken.

## Mistbienen gibt's wirklich

Mistbiene ist ein Schimpfwort. Aber tatsächlich gibt es die echte Mistbiene. Sie sieht zwar ein wenig aus wie eine Biene – doch siehst du genauer hin, erkennst du, dass so eine Mistbiene nur zwei Flügel hat. Sie gehört also in die Verwandtschaft der Fliegen. Bienen dagegen haben vier Flügel. Die Maden der Mistbiene gedeihen in Jauche und lieben Mist als Kinderstube.

## Mein Magen ist dein Magen

Bienen kennen kein Eigentum. Selbst der Mageninhalt wird geteilt. Wenn eine hungrige Kollegin darum bittet, gibt jede Arbeiterin ihr etwas ab. Im Bild siehst du die Nahrungsübergabe.

## Hotel für Wildbienen

Um Honigbienen müssen wir uns keine Sorgen machen. Millionen von Imkern und Hobby-Imkern in aller Welt kümmern sich um sie. Anders sieht es bei unseren Wildbienen aus. Sie sind durch landwirtschaftliche Gifte und den Verlust von Unkräutern und Lebensräumen bedroht. Wer ihnen helfen will, kann sie mit einem selbst gebauten „Hotel“ für Wildbienen auf den Balkon oder in den Garten einladen.

# Insekten. Eine Zeitreise

**Vor 200 Millionen Jahren** ist die Entwicklung der großen Dinosaurier auf dem Höhepunkt. Insekten aus dieser Zeit haben sich in Bernstein erhalten; darunter Stechmücken, die sich vom Blut der Dinosaurier ernährt haben. Aus dieser Zeit stammt auch das Fossil einer Riesenlibelle im Schiefer (Bild unten).

**Vor 140 Millionen Jahren** wachsen die ersten Blütenpflanzen. Zeitgleich mit ihnen entwickeln sich Fluginsekten zu Bestäubern.

**Vor 100 Millionen Jahren** tauchen die ersten kleinen Säugetiere auf. Für blutsaugende Mücken hat sich eine neue Nahrungsquelle eröffnet.

**Vor 65 Millionen Jahren** zeigen sich die ersten Primaten. Die frühen Ahnen aller Affen und Menschen sind etwa so groß wie Eichhörnchen und leben von Insekten.

# Aha

| | |
|---|---|
| **Vor 6 Millionen Jahren** | piesackt ein Vorfahr unserer Kopflaus bereits die Menschenaffen. |
| **7000 v. Chr.** | Beginn der gezielten Bienenhaltung in Anatolien und Ägypten |
| **2000 v. Chr.** | Ägyptische Imker halten und züchten Honigbienen in Stöcken aus gebranntem Ton. |
| **1200 v. Chr.** | Eine Heuschreckenplage vernichtet nach der biblischen Erzählung die Ernte in Ägypten und führt zu einer Hungersnot. |
| **600 v. Chr.** | In Griechenland werden die ersten Gesetze zur Bienenhaltung erlassen. |
| **350 v.Chr.** | Der griechische Philosoph Aristoteles (384–322) versucht, die Tiere systematisch nach Ähnlichkeiten zu sortieren. Für ihn gehören Insekten mit Spinnen und Würmern zur Gattung der „blutleeren Tiere“. |
| **1346–1253** | In Europa fordert die Pest 25 Millionen Tote. Übertragen wird das tödliche Bakterium „Yersinia pestis“ durch einen Floh, der auf Ratten lebt. |

| | |
|---|---|
| **1600** | Mit der Entwicklung des Mikroskops können Insekten wissenschaftlich untersucht werden. Erstmals sehen die Forscher Tracheen und verstehen ihre Funktion bei der Atmung. |
| **17. und 18. Jahrhundert** | Insektenkunde kommt in den gebildeten Kreisen in Mode. Es erscheinen viele Bücher zum Thema, darunter „Der Raupen wundersame Verwandlung und Blumennahrung" von Maria Sibylla Merian (siehe S. 22/23). |
| **1877** | Die ersten Kartoffelkäfer aus Amerika tauchen in Mühlheim am Rhein und bei Torgau auf. |
| **1963** | In den USA und Großbritannien werden die ersten Gesetze zur Reinhaltung der Luft erlassen. Beobachtungen an Insekten (siehe S. 38/39) hatten gezeigt, wie gefährlich die Verschmutzung der Luft durch Industrie- und Autoabgase für die Gesundheit von Mensch und Tier ist. |
| **1970** | In England ziehen erstmals tropische Schmetterlinge als Attraktion für Besucher in Gewächshäuser ein. Schon bald beleben Falter die Treibhäuser in vielen botanischen Gärten in aller Welt und es entstehen große und kleine Schmetterlingshallen. |

**20. Jahrhundert** Inzwischen sind 1,5 Millionen Insektenarten bekannt und wissenschaftlich beschrieben.

**2007** Die Asiatische Tigermücke taucht erstmals in Deutschland auf. Vermutlich wurde sie mit Reisegepäck eingeschleppt. Das zunehmend warme Klima begünstigt ihre Ausbreitung in Deutschland. In ihrer Heimat verbreitet sie Gelbfieber, West-Nil-Fieber, das Zika-Virus und das tödliche Dengue-Fieber.

**2020** Insektenforscher Martin Sorg vom Entomologischen Verein Krefeld erhält den Ehrenpreis der Bundesstiftung Umwelt. Die Insektenkundler des 1905 gegründeten Vereins haben nachgewiesen, dass die Zahl der Insekten in nur 30 Jahren um drei Viertel geschwunden ist. Und so dafür gesorgt, dass Bürger und Politik das Thema Umweltschutz ernster nehmen.

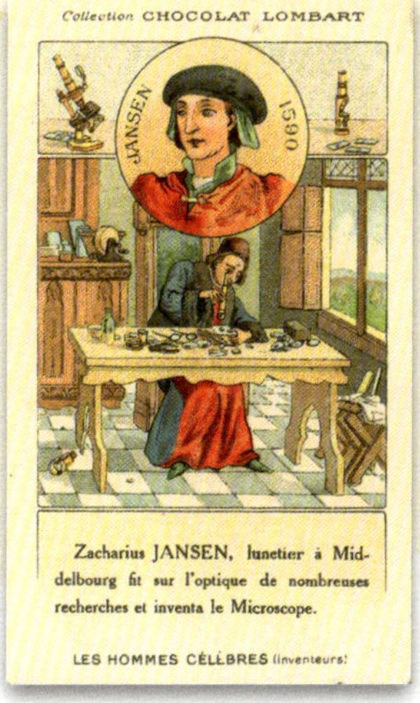


Sammelbildchen mit einer Darstellung von Zacharias Janssen, der das Mikroskop erfunden haben soll.

# Königlicher Hubschrauber

**Was hat die Königslibelle mit einem Hubschrauber gemeinsam? Die Flügel schwirren so schnell, dass die Libelle in der Luft stehen kann – wie ein Hubschrauber. Außerdem kann sie ruckartig die Flugrichtung wechseln. Mit einer Flügelspannweite bis zu elf Zentimetern beschleunigt sie schneller als ein Porsche: Innerhalb von einem halben Meter kommt sie von 0 auf 40 km/h.**

Die Edellibelle trägt den wissenschaftlichen Namen *Anax imperator* – übersetzt heißt das: Herr und Herrscher. Künstler verewigten die zeitlose Schönheit der Libelle und ihrer Flügel in Gemälden. Besonders im Jugendstil (das ist eine Epoche der Kunstgeschichte, die um die Jahrhundertwende 1900 entstand) wurde die Libelle als Motiv für Ornamente benutzt.
Schön, aber grausam herrscht das große Insekt über sein Revier am Gewässer. Fluginsekten werden gejagt, Rivalen attackiert und verjagt. Die aus Tausenden von Facetten zusammengesetzten Augen registrieren jede Bewegung. Besonders aber erkennen die Augen eines Männchens, wenn eine weibliche Libelle in sein Revier kommt. Dann startet das Männchen zu einem besonders auffälligen Balzflug, packt das Weibchen und zwingt es zur Landung. Nach der Paarung bohrt das Weibchen mit seinem Legestachel kurz unter der Wasseroberfläche ein Loch und legt sein Ei hinein.
Nach einigen Tagen bis Wochen schlüpft aus dem Ei eine Larve, die mit Kiemen perfekt an ein Leben im Wasser angepasst ist. Nichts erinnert in

diesem Stadium an die Grazie der Eltern – nur die Jagdleidenschaft liegt auch der Larve im Blut. Wenige Millimeter groß schlagen sie Mückenlarve um Mückenlarve im Gewässer. Dann sind die etwas größeren Wasserflöhe dran, und mit dem Wachstum wird auch die Beute der räuberischen Larven immer fetter: Kaulquappen, Molche und schließlich auch kleine Fische müssen dran glauben!

Mit einer Größe von etwa 5,5 Zentimetern naht im zweiten Sommer der Termin der letzten Häutung als Wasserwesen. Schließlich krabbelt die Larve an die Sonne, krallt sich an einem Schilfhalm fest und erstarrt zu einer Mumie, bis sich im Inneren etwas regt. Schließlich platzt die Hülle und heraus schlüpft die Königin. Ein paar Minuten bleibt sie neben der verlassenen Hülle sitzen, streckt ihre Flügel, putzt sie und trocknet sich. Dann hebt sie sich in die Luft, ihr neues und eigentliches Element.

# Wasser mit Haut

**Wusstest du schon, dass du eine Nadel auf's Wasser legen kannst, ohne dass sie untergeht, wenn du es sehr vorsichtig machst? Das hat mit der Oberflächenspannung des Wassers zu tun. Sie sorgt für eine Haut an der Wasseroberfläche.**

Auf der bewegt sich auch der Wasserläufer, den du bestimmt schon mal an einem Teich gesehen hast. Winzige wasserabweisende Härchen an seinen Füßen machen es möglich, dass er auf dem Wasser nicht nur stehen, sondern auch recht schnell laufen und weit hüpfen kann. Die bis zu zwei Zentimeter großen Verwandten der Schaben leben räuberisch von Insekten, die ins Wasser fallen. Die Bewegungen dieser verunglückten Insekten machen winzige Wellen. Feine Sensoren in den Füßen der Wasserläufer spüren das. Aus der winzigen Zeitspanne zwischen dem Eintreffen der Wellen auf die sechs Beine kalkulieren sie die Richtung, aus der die Wellen kommen und flitzen zur Beute. Ein toller Trick, oder?

# Aus einem Land vor unserer Zeit

**Bestimmt hast du schon mal gehört, dass die Welt früher mal ganz anders aussah: Als die ersten Dinosaurier über die Urkontinente der Erde liefen, lag Skandinavien am Äquator. Und wo heute die Ostsee liegt, erstreckten sich tropische Nadelwälder.**

Und genau dort kann man heute noch Überbleibsel der vergangenen Zeit finden. Denn: Wird so ein Nadelbaum verletzt, schließt er die Wunde mit seinem Harz. Dieser anfangs flüssig-klebrige Baumsaft wird mit der Zeit hart – und nach sehr langer Zeit kann er zu Bernstein werden. Mit seinem weichen Schimmer wird Bernstein schon seit Jahrtausenden von Menschen als Schmuck geschätzt. Besonders kostbar sind heute Stücke, die sogenannte Inklusen enthalten: Das sind Insekten, Fliegen, Ameisen, Käfer und andere Kleintiere wie Skorpione oder Spinnen, die vor Jahrmillionen am Harz klebengeblieben sind und dann von nachfließendem Baumsaft eingeschlossen wurden. Die ältesten Inklusen sind Mücken, die vor 310 Millionen Jahren im Baumharz steckengeblieben sind.
Weil es zu jener Zeit noch keine Säugetiere gab, ist es wahrscheinlich, dass sie als Blutsauger die Saurier gepiesackt haben! Das kann man aber nicht genau sagen, denn von den konservierten Insekten ist heute nichts mehr vorhanden als ihre harte Außenhaut aus Chitin. Das Innenleben der Insekten mit Magen, Darm oder dem Schlund ist bei den Inklusen mit allen Spuren organischer Materialien verschwunden.

Aha EXTRA

# Die große Zeit der Rieseninsekten

**Jetzt wird es unheimlich: In den frühen Tagen des Carbon, der ersten Saurier und der ersten fliegenden Insekten, krabbelten furchterregende Wesen in den Wäldern: Meterlange Tausendfüßler und Spinnen mit armlangen Beinen waren unterwegs, Libellen mit der unglaublichen Flügelspannweite von 70 Zentimetern jagten nach Beute.**

Wie konnte es zu dem Riesenwuchs dieser Tiere kommen? Kein Insekt oder Gliedertier von heute hat vergleichbare Maße. Das Atemsystem über die Tracheen setzt der Größe eine Grenze. Denn mit Sauerstoff versorgt wird das Innenleben dieser Tiere vorwiegend durch den natürlichen Luftaustausch über die Röhren, der durch Bewegung etwas verstärkt wird. Im Carbon, so wissen die Forscher aus verschiedenen Belegen, war der Sauerstoffanteil der Luft erheblich höher. Er lag bei 35 Prozent und ermöglichte so den „Gigantismus" der Gliedertiere.

Beim heutigen Sauerstoffanteil der Luft von 21 Prozent funktioniert der Transport in den engen Röhren aber nur bis zu zwei Zentimetern. Zum Größenwachstum bleibt den Insekten von heute also nur die Länge. Dicker als vier Zentimeter wird nichts mehr!

Mit einer Länge von bis zu 41 Zentimetern ist die Riesenstabschrecke im Bild oben das größte aller heute lebenden Insekten. Sie ist auch als Gespenstschrecke bekannt und setzt zum Überleben auf Tarnung: Sie sieht aus wie ein Zweig und kann sich nur langsam fortbewegen.

# Der heilige Pillendreher

**Weil er aus Kot Kugeln formt und sie im Rückwärtsgang vor sich her rollt, trägt der Pillendreher bei uns den etwas anrüchigen Namen Mistkäfer.**

Im alten Ägypten, zur Zeit der Pharaonen, wurde ihm mehr Ehre zuteil. Da trug er den Namen einer Gottheit: Chepre. Ihm wurde gehuldigt, Figürchen des Skarabäus wurden als Amulett um den Hals getragen und es wurden massive Steinplastiken in Tempeln und Grabstätten aufgestellt. Wie kam der Käfer zu solcher Karriere?
In der golden schimmernden Kugel sahen die Priester eine Ähnlichkeit mit der Sonne. Die bewegte der Käfer über die Erde, wie die Sonnengottheit Re mit der Sonnenbarke seine Kreise zog. Als göttlich galt auch der Ursprung der Käfer. Ohne Vater und Mutter entstand er nach der Vorstellung der Zeit aus dem Nilschlamm, war ein Symbol der göttlichen Schöpferkraft.

# Schmetterlinge auf Wanderschaft

**Sie kommen aus allen Teilen der USA – von der Ostküste, der Westküste, den Prärien, den Rocky Mountains, sie kommen aus Kanada und Alaska … Bevor der späte Herbst ihre blühenden Nahrungsquellen für lange Wintermonate verschwinden lässt, zieht es die Monarch-Falter des nordamerikanischen Kontinents nach Süden.**

Einige legen über 3000 Kilometer zurück. Die Reise-Geschwindigkeit liegt bei etwa 30 Stundenkilometern, die Flughöhe schwankt. Hobbypiloten begegnen Schwärmen des Falters sogar in Höhen über 1000 Meter. Und wo wollen die alle hin? Gemeinsames Ziel der Wanderfalter sind offene Wälder in Mexiko. Auf 200 Millionen Schmetterlinge wird die Zahl der Wintergäste, die hier für Nachwuchs sorgen, geschätzt. Hier ist für die meisten Falter allerdings auch Endstation; nur wenige der Altfalter überleben den Winter und kehren zurück in den Norden. Junge Falter werden durch einen inneren Kompass geleitet und kehren an die Orte zurück, von denen die Eltern stammen.

Aha
EXTRA

Aha

# Sieger durch Abwurf

**Das Leben von Hirschkäfermännchen ist nichts für Weicheier: Sieben Jahre haben sie als Larven unterirdisch verrottendes Holz gefressen. Wenn sie dann endlich als fertige Käfer das Licht der Welt erblicken, leben sie von Baumsäften, denn ihre Mundwerkzeuge taugen kaum zum Knabbern. Sie sind zu mächtigen Geweihen ausgewachsen, fast halb so lang wie der ganze Käfer. Imposante Waffen, die aber das Fliegen erschweren.**

Vögel schätzen die fette Käferbeute, weshalb sich die Brummer tagsüber selten zeigen. Doch nachts ist es auch nicht viel besser. Unter den Sitzplätzen von Käuzen finden sich oft Dutzende der Geweihe, die beim Schmaus übriggeblieben sind.

Und dann hat so ein ausgewachsener Käfer nur eine kurze Lebensspanne von rund sechs Wochen im Sommer. In dieser Zeit muss er ein Weibchen finden. Und da ist er nicht der Einzige im Wald. Die Weibchen locken mit einem Duft, der Männchen im Umkreis von 500 Metern anzieht. So kann es passieren, dass 20 Bewerber auf einem Eichbaum um ein Weibchen kämpfen müssen. Jeder versucht, den anderen zu packen und auszuhebeln. Kopf und Brust der Kontrahenten sind mit hartem Chitin gepanzert und vor den Geweihen geschützt. Ziel ist es, den Gegner vom Ast zu befördern. Dafür muss er hochgehoben werden, sodass er sich mit den Füßen nicht mehr an der Borke festklammern kann.
Der Verlierer fliegt davon und sucht eine neue Chance. Nach der Paarung gräbt das Weibchen ein Loch in den Waldboden. Zwei Wochen kann es dauern, bis es mit 40 bis 60 Zentimetern tief genug ist. Dann legt es seine Eier hinein für die nächste Generation von Kämpfern …

Aha

# Die winzige Welt der Kugelspringer

**Es gibt Tiere, von denen haben die wenigsten Menschen bisher gehört. Eindeutig dazu gehören die Kugelspringer: Diese flügellosen Ur-Insekten tragen unter ihrem pummeligen Körper eine gespannte Gabel aus Chitin, mit der sie sich bei Gefahr mit einem Salto in die Luft schleudern können. Daher der Name!**

Zoologen haben sich mal Mühe gemacht, Laub vom Waldboden eingesammelt und im Labor Blatt für Blatt umgedreht und mit Mikroskopen und Lupen genauestens angesehen. Pro Quadratmeter, so ergab ihre Untersuchung, leben bis zu 200.000 Kugelspringer im feuchten Laub auf dem Waldboden! Außer Zoologen haben sich bisher eigentlich nur Makrofotografen für diese winzigen Tiere interessiert. Menschen anderer Berufsgruppen und mit anderen Hobbys als der Fotografie von Kleinstlebewesen waren sie egal. Warum auch nicht – sie sind weder süß, noch lassen sich die meisten Arten ohne Lupe oder Mikroskop überhaupt sehen. Nur der Dunkelbraune Kugelspringer mit ganzen vier Millimeter Länge fällt da als größter seiner Sippschaft aus dem Rahmen.
Höchste Zeit, die unterschätzten Winzlinge ins rechte Licht zu rücken. Denn so klein sie sind, so groß ist ihre Bedeutung für die Ökologie und Qualität des Bodens: Sie nehmen die abgestorbene Blattsubstanz auf, futtern Algen und Pilze von Totholz und verwandeln sie in die Nährstoffe, die fürs Wachstum aller Pflanzen wichtig sind.

# Größer, höher, weiter …

In der Tierwelt gibt es jede Menge Rekorde – und das gleiche gilt natürlich erst recht für die Welt der Insekten. Hier erfährst du, welches Insekt am besten springen und welches am höchsten fliegen kann, wer den schnellsten Flügelschlag hat und welcher Käfer der stärkste von allen ist!

**Die größte Flughöhe** erreicht der Schmetterling Kleiner Fuchs. Er wurde in einer Höhe von 5800 Metern gesichtet.

**Am lautesten von allen Insekten** sind die Zikaden. Sie bringen es auf 120 Dezibel. Um ihren eigenen Lärm nicht ertragen zu müssen, schalten Zikadenmännchen während des Schrillens ihre Ohren ab.

**Die größten Flügel** hat der Atlasfalter aus Südostasien mit einer Spannweite von 30 Zentimetern. So lang ist ein Schülerlineal!

**Das längste Insekt** ist eine tropische Stabschrecke. Mit ausgestreckten Beinen bringt sie es auf einen halben Meter Länge!

**Den schnellsten Flügelschlag** mit 1046 Schlägen pro Sekunde hat die kleine Stechmücke *Forcipomyia* aus Asien. Nur wenig langsamer flattern die bei uns heimischen Gnitzen.

**Die schnellste Beschleunigung** erzielen Libellen. Wenn sie auf der Strecke von 50 Zentimetern auf die Geschwindigkeit von 30 km/h kommen, wirken Kräfte in Höhe von 30 G auf sie ein. Raumfahrer bei Raketenstart erleben beim Abheben Beschleunigungskräfte von 9 G in speziellen Schutzanzügen und Sitzen.

**Den höchsten Sprung** macht die Wiesenschaumzikade. Der 6 Millimeter kleine Hüpfer springt 70 Zentimeter hoch. Das ist höher als das Hundertfache seiner Körpergröße!

# Aha EXTRA

**Den schmerzhaftesten Stich** aller Insekten bekommt man im tropischen Südamerika von der Riesenameise *Paraponera clavata*. Der Schmerz hält 24 Stunden an und soll sich anfühlen „als ob man mit einem 5 Zentimeter langen Nagel in der Ferse über glühende Kohlen läuft", schildert ein Schmerzforscher.

Der stärkste Käfer ist der **Mistkäfer**. Im Test konnte er mehr als das Tausendfache seines Körpergewichts wegschleppen. Rechne dein Gewicht mal Tausend, dann hast du eine Ahnung von der Leistung!

**Der schnellste Flieger**, der je gestoppt wurde, war ein Totenkopfschwärmer. Mit 54 km/h dürfte er eigentlich nicht in Städten fliegen, denn da sind ja nur 50 km/h erlaubt!

# Krabbelnde Filmstars

Die Biene Maja und ihre Freunde, der Grashüpfer Flip und die verfressene Drohne Willi, kamen 1975 als Zeichentrickserie nach Deutschland. „Alle lieben Maja" wird in der Titelmelodie gesungen, doch damals war das gar nicht so: Man fand die in Japan produzierte Serie kitschig und zu weit weg von der Wirklichkeit. Doch kaum waren die 52 Folgen in Deutschland abgelaufen, häuften sich die Fanbriefe. Heute, fast 50 Jahre später, laufen die Abenteuer von Biene Maja immer noch über die Bildschirme – inzwischen allerdings modernisiert. Als 2013 die computeranimierte Neufassung der Serie anlief, gab es aber wieder Kritik: und zwar weil das ehemalige Pummelchen Maja jetzt eine schlanke Biene war und damit einem zweifelhaften Schönheitsideal folgte. Der Beliebtheit der Serie hat das aber nicht geschadet!
Die Geschichten um Maja und ihre Freunde hat übrigens schon viel früher, nämlich 1912, der Autor Waldemar Bonsels erfunden.

Ganz andere Probleme gab es beim Animationsfilm „Das große Krabbeln" der Pixar-Studios. Eigentlich sollte der Film ganz nah dran sein an der Natur, aber die Geschichte um ein von Heuschrecken unterdrücktes Ameisenvolk von 1999 hat einen großen Fehler: Die Ameisen haben nicht sechs Beine, wie es sich für Insekten gehört – sondern nur vier! Genauso wenige wie Maja übrigens. Im fast zeitgleich produzierten Animationsfilm „Antz" (1998) stimmt zwar die Zahl der Beine – allerdings sitzen vier davon am Hinterende. Der richtige Platz für die drei Beinpaare ist aber immer am Thorax, dem Mittelteil aller Insekten.

Ach so!

## Stadtnatur

Was taugt eigentlich ein Lebensraum? Zu warm, zu kalt, zu trocken …
das empfinden wir Menschen verschieden – es ist Ansichtssache. Keine Ansichtssache ist die Zahl der Arten, die sich in einem Lebensraum findet. Die Artenvielfalt oder Biodiversität ist für Ökologen ein unbestechlicher Gradmesser für die Qualität eines Lebensraums.
Die ersten, die unter Umweltveränderungen leiden, sind oft Fluginsekten wie Käfer und Schmetterlinge. 76 Prozent von ihnen sind im Laufe der letzten 30 Jahre verschwunden. Doch nicht überall gab es diese Verluste. Die Städte sind heute für viele Insekten so etwas wie eine moderne Arche Noah! Der Zoologe Professor Josef Reicholf hat in München 600 Arten von Schmetterlingen und 200 verschiedene Wildbienenarten gezählt. Und das in der Millionenstadt!
Draußen auf dem Land findet sich nur ein Bruchteil dieser Fülle. Der Professor hat fünf Gründe für diese Verschiebung der Natur vom Land in die Stadt ausgemacht:

- Anders als auf dem Land wird in der Stadt kein Gift gesprüht.

- Die Stadt mit Gebäuden, Parks und Gärten ist abwechslungsreicher und bietet mehr Nischen als Felder mit Monokulturen, also Flächen mit nur einer Sorte von Pflanzen.

- Städte sind wärmer als das Umland, die Winter weniger streng. Die meisten Insekten sind wärmeliebend.

- In der Stadt wird kein Dünger und keine Gülle ausgebracht. Nährstoffarme Böden begünstigen eine natürliche Vielfalt von Pflanzen; vom Dünger profitieren nur wenige Pflanzenarten.

- Städter sind toleranter, weil sie auf ihren Flächen nicht auf Produktion und Gewinn aus sind. Sie lassen auch „Unkraut" zu und Bäume und Büsche, die keine wirtschaftliche Bedeutung haben.

Aha

# Lebenslicht

**Lampen sind für Insekten oft eine Todesfalle. Du kennst sicher den Spruch „Wie die Motten ans Licht“ – und vielleicht hast du auch schon mal gesehen, dass Motten immer zum Licht fliegen. Eigentlich sind Motten ja nachtaktiv, wieso lassen sie sich denn dann vom Licht anziehen?**

Das ist nicht eindeutig geklärt. Aber man geht davon aus, dass sich nachtaktive Insekten am Mond orientieren und immer in einem bestimmten Winkel zu ihm fliegen. Das funktioniert, weil er weit genug weg ist. Unsere Lichtquellen verwirren die Insekten, sie können die Richtung nicht schnell genug ändern …
Doch die neuen LED-Lampen scheinen eine insektenfreundliche Alternative zu sein. LED-Licht hat weniger UV-Anteile und lockt kaum Insekten an. Für die private Außenbeleuchtung empfehlen Naturschützer LED-Leuchten mit dem Farbton „Warmweiß“ als wenig verlockend für Insekten.

# Neue Nachbarn

**Du kannst reisen, wohin du willst – so ziemlich überall auf der Welt wirst du einen McDonalds finden. Und der Big Mac und die Pommes dazu sehen in Berlin, Hamburg, New York, Kapstadt, London, Paris oder Peking gleich aus. Weil die Globalisierung auch die Tierwelt erfasst hat und es keine Grenzen mehr gibt, sprechen Ökologen von einer „McDonaldisierung" der Natur. Besonders leicht reisen Insekten. Manche werden von Stürmen verfrachtet, andere reisen als blinde Passagiere in fremde Länder. Oft treffen sie hier auf ideale Lebensumstände, und weil natürliche Feinde in der neuen Heimat fehlen, vermehren sie sich ungebremst und werden zur Plage. Hier einige unserer Neubürger:**

### Kartoffelkäfer

Ursprünglich ist er ein Amerikaner. Im 19. Jahrhundert wurde er zusammen mit Saatkartoffeln aus der neuen Welt in Europa eingeführt. Kartoffel und Kartoffelkäfer stammen ganz ursprünglich aus Mittel- und Südamerika. Der Käfer und seine Larven konnten ganze Ernten vernichten. In Deutschland gab es früher für Kinder statt Schule manchmal Einsatz auf den Feldern, um Kartoffelkäfer einzusammeln!

### Buchsbaumzünsler

Gegen ihn ist kein Kraut gewachsen – seit der ostasiatische Falter 2007 erstmals in Mitteleuropa auftauchte, fressen seine Larven gnadenlos Buchsbäume auf dem Balkon, im Garten und in Parks. Weil die Bekämpfung sehr aufwändig ist und wenig Aussicht auf Erfolg hat, verzichten inzwischen viele Gärtner auf Buchsbäume und pflanzen stattdessen andere Sträucher.

Aha

**Asiatischer Marienkäfer**
Gärtner und Gewächshäuser führten den exotischen Marienkäfer als Schädlingsbekämpfer ein. Weil er in Massen auftritt, ist er in diesem Job viel effektiver als unsere heimischen Marienkäfer, die eher einzeln auftreten. Schädlich sind sie nicht – sie können lediglich lästig werden, wenn sie vor dem Winter in großer Zahl versuchen, ins Haus zu kommen.

**Laubholzbockkäfer**
Mit Bauholz reiste der Käfer in einem Container aus China zu uns. Seine Larven befallen Bäume und schädigen sie so sehr, dass Äste und Kronen abbrechen können und das Holz unbrauchbar wird. Wo Wälder befallen sind, stehen Warnschilder am Straßenrand. Aus diesen Bezirken darf kein Holz nach außen gebracht werden.

**Kastanienminiermotte**
Gerade mal 30 Jahre ist es her, dass der unscheinbare Kleinschmetterling vom Balkan erstmals in Österreich auftauchte. Seitdem verbreitet er sich mit einer Geschwindigkeit von 100 bis 200 Kilometern pro Jahr über ganz Europa. Die Larven, die ausschließlich von und in den Blättern der Rosskastanie leben, hinterlassen markante Spuren in den Blättern. Die Herbstfärbung befallener Kastanien setzt schon im Sommer ein.

**Palmenbohrer**
Über Ägypten kam der asiatische Rüsselkäfer mitsamt den Palmen für den Handel vor etwa 30 Jahren nach Europa. Als die europäische Union eine einjährige Quarantäne für eingeführte Palmen beschloss, war es bereits zu spät: Rings ums Mittelmeer von Griechenland bis Gibraltar und in Portugal haben die Maden des Käfers die meisten Palmen so zugerichtet, dass sie aussehen, wie traurige Klobürsten. Die Bekämpfung ist schwierig. 90 Prozent aller Palmen auf Mallorca sind der Seuche zum Opfer gefallen und mussten durch neue ersetzt werden.

Aha

## Wettrüsten am Nachthimmel

**Bei Einbruch der Dunkelheit verschwinden Schwalben, Mauersegler und andere Jäger von Fluginsekten und begeben sich zur Ruhe. Jetzt beginnt die Schicht der nächtlichen Insektenjäger: der Fledermäuse.**

Ihr Gebiss ist auf das Knacken auch der härtesten Chitinpanzer gebaut. Im Flug senden sie für uns unhörbare Signale im Ultraschallbereich aus. Deren Echo empfangen die riesigen Ohren wie Radarschirme. So bemerken sie auch in stockfinsterer Dunkelheit Hindernisse auf ihrem Weg – und sie orten Fluginsekten wie Nachtschwärmer und Käfer mit enormer Präzision und fangen sie im Flug. Es wird geschätzt, dass eine Fledermaus bei uns über den Sommer 60.000 Insekten fängt.
Doch nicht alle Fluginsekten lassen sich das gefallen! Einige Arten haben ein cleveres Warnsystem, das sie auf der Stelle alarmiert, sobald der Peilung einer Fledermaus sie trifft. Dann legen sie die Flügel an und lassen sich zu Boden stürzen. Bei niedriger Flughöhe kann das ihr Leben retten, weil die Beute am Boden zwischen Laub nicht mehr vom Fledermausradar erfasst werden kann.

Aha

# Insekten auf der Jagd

**Du hast jetzt schon gelesen, dass Insekten von allen möglichen anderen Tieren gejagt und gefressen werden. Aber sie selbst sind auch nicht ohne! Hier lernst du drei gewiefte Jäger unter den Insekten kennen:**

**Ameisenlöwen**

Eine ungewöhnliche Jagdmethode übt die Larve der Ameisenjungfer, die Ameisenlöwe genannt wird, aus: Sie buddelt einen Trichter in Sand. Im Zentrum des Trichters wartet sie darauf, dass eine Ameise auf lockeren Sandkörnern in ihren Trichter rutscht. Will die Ameise rausklettern, bewirft der Ameisenlöwe sie mit Sand, sodass sie nach und nach weiter nach unten rutscht, wo er sie mit seinen mächtigen Kiefern packt, um sie restlos zu verspeisen.

**Gelbrandkäfer**

Ein wahres Multitalent ist dieser Käfer: Er kann fliegen, schwimmen und tauchen. Meist ist er im und unter Wasser anzutreffen. Ein dichter Borstensaum macht das hintere Beinpaar zu kräftigen Rudern. Beim Tauchen ist er fix genug, um Kaulquappen, Molche oder auch kranke kleinere Fische zu erbeuten.

**Laufkäfer**

Diese artenreiche Käfersippe zeichnet sich durch lange Beine aus. Die Käfer leben am Boden, die meisten von ihnen sind nachts aktiv, einige auch am Tag. Laufkäfer leben räuberisch, fangen andere Insekten oder auch Würmer.

Aha EXTRA

# Wilde Wiesen

**Sicher hast du schon mal davon gehört, dass viele Städte die sogenannten Kies- oder Schottergärten verbieten. Was für den Menschen praktisch ist, weil er weniger Arbeit hat, ist für Insekten ganz schlimm. Und das gilt nicht nur für Schotter in den Vorgärten: Ein gepflegter, kurzgeschnittener Rasen ohne wilde Blüten ist aus Sicht von Insekten und der Vogelwelt eine Wüste!**

Auch Rasendünger tut der Natur nicht gut, weil er speziell für den Rasen konzipiert ist, der Moose, Kräuter, Klee mit diesem „Doping" vollends in den Schatten stellt. Es gilt in der Ökologie die Regel, dass nährstoffarme Böden die größte Artenfülle hervorbringen.
Insekten brauchen nicht viel Platz – es hilft ihnen schon, wenn man einen Teil des Rasens in Ruhe zur wilden Wiese wachsen lässt. Wem das zu lange dauert, der kann fertige Wildblumenmischungen als Sämereien kaufen. Viele dieser Mischungen werden von Naturschutzorganisationen empfohlen, manche sogar angeboten.
Du kannst aber auch ganz ohne Geld selbst aktiv werden und auf Spaziergängen Samen von Wildblumen einsammeln und daheim ausbringen. Diese wilden Samen haben den Vorteil, dass sie von der Natur dazu vorgesehen sind, ohne weitere Unterstützung zu gedeihen, wenn der Lebensraum passt.

So eine Wildblumenwiese steckt voller Leben – hier fühlen sich nicht nur Insekten wohl!

# Unkraut für Schmetterlinge

**Insekten vor der Haustür zu haben, ist eigentlich ganz schön. Besonders gern haben die meisten Menschen Schmetterlinge in ihrem Garten. Mit diesen Pflanzen kannst du sie ganz leicht auch zu dir locken:**

**Sommerflieder** ist der ungeschlagene Sieger in der Schmetterlingsgunst. Kaum ein Falter kommt an diesen aromatischen Blüten vorbei ohne einen Imbiss zu nehmen.

**Disteln** sind seit jeher als „Unkraut" unbeliebt und werden oft aus Gärten entfernt. Dabei sind sie nicht nur für Distelfalter attraktiv.

**Blutweiderich** findet sich an feuchten Standorten und passt prima zum Gartenteich. Dort bedienen sich der C-Falter, der Kleine Fuchs und der Zitronenfalter.

**Fetthenne** Die pflegeleichte, dickblättrige Kriechpflanze aus dem Steingarten trägt Blüten bis in den späten Herbst und bietet so in karger Zeit Nahrung für C-Falter und Tagpfauenauge, die so spät im Jahr noch unterwegs sind.

**Liguster** lockt als Hecke mit seinen weißen Blütenrispen Schmetterlinge und Bienen an.

**Sal-Weide** Sie gedeiht auch abseits vom Wasser. Die Weidenkätzchen gehören zu den ersten Blüten, die Bienen, dem Tagpfauenauge, dem kleinen Fuchs und dem Zitronenfalter bereits im März Nahrung bieten.

**Salbei** ist nicht nur bei Menschen als Gewürz oder Tee beliebt, sondern auch für seltene Schmetterlingsarten wie Schwalbenschwanz und Bläuling ein Leckerbissen.

**Nachtkerze** 80 Prozent der Schmetterlinge sind nachts aktiv. Für Nachtfalter ist die Nachtkerze mit ihren schönen Blüten eine willkommene Nektar-Tankstelle.

**Lavendel** verströmt einen Duft, der nicht nur Menschen, sondern auch Schmetterlingen gefällt.

**Baldrian** zieht nicht nur Katzen mit seinem Duft an. Für viele Schmetterlinge attraktiv, ist die Pflanze für die Raupe des Baldrian-Scheckenfalters sogar lebenswichtig!

Aha EXTRA

# So baust du ein Insektenhotel!

Insekten im Garten oder auf dem Balkon sind nicht nervig, sondern nützlich! Sie helfen dabei, Schädlinge zu bekämpfen, indem sie ihre Larven fressen oder bestäuben die Blüten von Nutzpflanzen. Mit einem Insektenhotel kannst du Insekten wie z. B. Wildbienen eine Nisthilfe bieten. Diese hier ist so klein, dass du nicht einmal einen Garten brauchst – das Blumentopf-Insektenhotel passt auch auf den kleinsten Balkon! Damit die Insekten die für sie angefertigte Unterkunft auch annehmen, müssen aber die Voraussetzungen stimmen. Wie du mit einfachen Mitteln eine gute Insektenbehausung selbst bauen kannst, erfährst du hier.

**Wichtig:** Das Insektenhotel sollte wettergeschützt aufgehängt werden und einen sonnigen Platz haben. Außerdem musst du es regelmäßig von Spinnweben befreien und kaputte Stängel oder anderes Material entfernen oder austauschen, damit die Tiere und du lange etwas davon haben!

**Du brauchst:**

- eine Säge
- einen einfachen und nicht zu kleinen Blumentopf aus Terracotta (den hast du bestimmt zu Hause. Und wenn nicht, kannst du ihn in jedem Blumengeschäft oder in einer Gärtnerei bekommen)
- hohle Pflanzenstängel, z. B. Schilf, Bambus oder Äste von Holunder- oder Brombeersträuchen
- Stroh, Heu oder getrocknetes Gras

**So wird es gemacht:**

- Zuerst musst du die harten Stängel mit der Säge abschneiden. Sie müssen so lang sein, wie der Blumentopf hoch ist. Am besten 10 cm oder mehr!
- Die abgeschnittenen Stängel steckst du stramm in den Blumentopf, sodass sie fest darin sitzen und nicht einfach (z. B. von Vögeln) herausgezogen werden können.
- Die Lücken zwischen den Stängeln stopfst du dann noch mit weichem Schilf aus – und schon ist das kleine Bienen-Zuhause fertig!

Mit Stroh oder getrocknetem Gras gefüllt lockt das Blumentopf-Insektenhotel auch Florfliegen und Ohrwürmer an.

Viel Spaß beim Basteln!

# Die 7 gefährlichsten Insekten

**Besser, du kommst ihnen nicht zu nahe: Manche Insekten können sehr gefährlich sein. Die meisten der bei uns heimischen Insekten sind aber glücklicherweise eher harmlos.**

**Afrikanisierte Honigbienen**
Ein Imker und Bienenforscher brachte 1957 afrikanische Bienenköniginnen nach Brasilien. Die Kreuzung mit Honigbienen sollte die Honigproduktion erhöhen. Das Experiment ging aber gründlich daneben. Die Kreuzungen erwiesen sich als äußerst aggressive Killerbienen, die bereits in Nordamerika Angst und Schrecken verbreiten.

**Japanische Riesenhornisse**
Während unsere Hornissen recht friedfertig sind, sind ihre riesigen Vettern in Japan eher wehrhaft. Etwa 40 Japaner pro Jahr sterben an den Folgen ihres Stichs!

**Küssende Wanze**
Aufgepasst, wenn du in Mittelamerika unterwegs bist: Hier kann man im Schlaf von einer Wanze besucht werden, die im englischen als „Kissing bug" – küssende Wanze – bekannt ist, weil sie Schläfern in die Lippen beißt. Dabei kann sie die Chagas-Krankheit übertragen, die jährlich 12.000 Menschen das Leben kostet.

## Aha EXTRA

### Dasselfliege

Bei uns ist die Verwandtschaft der Dasselfliege auch als Biesfliege bekannt, weil Rinder und andere Huftiere biesen – also in unkontrollierter Panik durchgehen – wenn sie das Summen einer Dasselfliege hören. Dasselfliegen legen ihre Eier in die Haut von Huftieren, gelegentlich auch in die von Menschen. Es gibt verschiedene Arten der Dasselfliege. Ihre Maden sind jeweils darauf spezialisiert, in bestimmten Körperteilen des Wirts zu parasitieren.

### Tsetsefliege

Würde sie nur ein paar Tropfen Blut saugen, wäre das leicht zu verschmerzen. Doch wie die Malaria-Mücke kann sie gefährliche Erreger über ihren Speichel in die Blutbahn bringen. Bei der Tsetsefliege sind es die Erreger der gefährlichen Schlafkrankheit.

### Bulldogameise

Diese bis zu 4 Zentimeter lange australische Ameise kann ein Gift injizieren, das zu starken Schmerzen, Allergien und immer wieder auch zu Todesfällen führt.

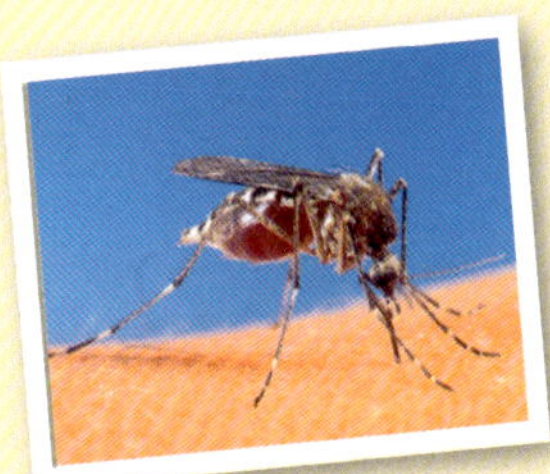

### Moskitos

Sie gehören zu den Stechmücken, die vom Blut anderer leben. Damit das Opfer den Stich nicht spürt, injizieren Moskitos ein Betäubungsmittel über ihre stechenden Mundwerkzeuge. Mit dem Speichel gelangen Einzeller ins Blut des gestochenen Lebewesens. Als Überträger der tödlichen Malaria verursachen die Trypanosomen der Moskitos – vorwiegend in tropischen Ländern – weltweit 1 Million Todesfälle.

Ach so!

# Vergleichsweise harmlos

**„Der Stich von sieben Hornissen soll ein Pferd töten können" – hört man oft als Beleg für die Gefährlichkeit der Hornissen. Purer Unsinn – sagen Experten. Umgekehrt trifft es eher zu: Der Tritt eines einzigen Pferdes kann sieben Hornissen platt machen.**

Tatsächlich ist der Stich einer Hornisse nicht schlimmer als der einer Biene. Und dann sind Hornissen auch noch viel vorsichtiger als Bienen und Wespen. Sie bleiben auf Distanz, greifen Menschen nur an, wenn sie bedroht sind. Es empfiehlt sich also, Ruhe zu bewahren und nicht mit den Händen durch die Luft zu fuchteln, wenn so ein Brummer mal in die Nähe kommt!

Keine Angst, sie wird nicht auf deinem Teller mit Kuchen, Eis oder Gegrilltem landen, wie es Wespen leider tun. Hornissen machen Jagd auf andere Insekten, und sie erledigen dabei jede Menge Schädlinge, weshalb Gärtner sich freuen dürfen, wenn ein Hornissennest in der Nähe ist.

Am liebsten bauen Hornissen ihre Nester in Baumhöhlen. Doch weil es davon so wenige gibt, nutzen sie auch Schuppen, Dachvorsprünge, Kästen von Rolläden oder Ritzen unterm Dach als Bauplatz für ihr Nest aus selbst gefertigter Pappe. Mit nur 400 bis 700 Mitgliedern ist das Volk einer Hornissenkönigin erheblich kleiner als das von Wespen und Bienen.

Aha

## Sammelobjekt

**„Jeder weiß, was so ein Maikäfer für ein Vogel sei. In den Bäumen hin und her fliegt und kriecht und krabbelt er …"**

Du kennst doch sicher Max und Moritz und ihre Streiche? Als Wilhelm Busch vor rund 160 Jahren diese Verse schrieb, da waren Maikäfer bei uns noch so häufig, dass sie sich in Massen von den Bäumen schütteln ließen. Sie wurden an Hühner verfüttert und in manchen Regionen sogar als Suppe gekocht!
Die Kinder von damals waren Experten in Sachen Maikäfer. Sie kannten helle Formen, die wie von Mehl überpudert waren – die „Müller" – und die dunklen „Schornsteinfeger" mit riesigen Fühlern, die wie Bürsten aussahen. Im Tausch musste man einige „Müller" und „Schornsteinfeger" für den „Kaiser" hergeben: Der zeichnete sich durch rötliche Farbe aus, war selten und für Käferfreunde fast so ein Glückstreffer wie die kostbare „Blaue Mauritius" für Briefmarkensammler.
So sehr Kinder Käfer lieben – Erwachsene zählten damals nicht gerade zu ihren Fans. Da die Raupen des Maikäfers, die Engerlinge, an den Wurzeln von Obstbäumen nagten, wurden sie als Schädlinge verfolgt und schließlich auch chemisch bekämpft. So erfolgreich, dass die Art bei uns in den 1960er Jahren beinahe ausgestorben wäre. Nach dem Verbot verschiedener Insektengifte ist der Maikäfer aber inzwischen wieder da! Vielleicht hast du auch schon einen gesehen?

Aha

# Maikäferjahre

Massenaufkommen von Maikäfern treten periodisch auf. Das heißt, in einer bestimmten Abfolge: Die Kinder der starken Generation 2019 werden um die Saison 2023/24 erwartet. Denn so kurz die Lebensdauer der Käfer ist, so lange ist ihre die Jugendentwicklung.
3 bis 5 Jahre verbringen Maikäfer als Engerling im Boden und leben von Pflanzenwurzeln. Dann verpuppen sie sich und schlüpfen als Käfer aus dem Boden. Sie breiten die Flügel aus und suchen einen Baum auf. Dort halten sie sich tagsüber verborgen. Nachts sind sie aktiv und fressen die jungen Blätter. Mit einem raffinierten Trick locken die Weibchen Männchen an: Mit Fermenten wandeln sie Blattsäfte zu einem alkoholähnlichen Duftstoff um. Der lockt die Männchen aus großer Entfernung unwiderstehlich an. Dringt der Duft an die Fühler des Männchens, so folgen sie ihm wie ferngesteuert bis zur Quelle. Nach der Befruchtung legt das Weibchen rund 60 Eier in den Boden. In vier bis fünf Jahren werden ihre Nachkommen wieder Förster und Landwirte zur Verzweiflung treiben und Kinder begeistern …

Aha

# Die Tricks der Fliegenfallen

**Manche Böden in Sümpfen, auf Sand oder Felsen sind so arm an Nährstoffen, dass auf ihnen kaum Pflanzen gedeihen können. Eine Gruppe von Pflanzen kann hier dennoch leben, denn sie gewinnt ihre Nährstoffe nicht aus dem Boden. Fleischfressende Pflanzen haben eine für Pflanzen sehr seltene Methode der Versorgung entwickelt: Sie fangen und verdauen kleine Tiere.**

**Methode 1: Klappe zu**

Die Venusfliegenfalle klappt ihre Blatthälften zusammen, sobald ein Insekt die zarten Fühlhaare berührt. Nach einer Woche, in der Verdauungssekrete ihre Arbeit leisten, öffnet sich die Falle wieder, die unverdauten Chitinteile fallen raus.

**Methode 2: Festkleben**

Ein Blütenduft lockt Insekten auf Blätter, die einer Blüte ähneln. Doch auf zahllosen Tentakeln sitzen klebrige Tropfen. Beim Versuch, sich davon zu befreien, kommt das Opfer mit immer mehr Tentakeln in Berührung und sitzt fest.

**Methode 3: Fallgrube**

Ein Albtraum für Insekten, die auf dem Rand der Fallgrube landen. Denn der Eingang zur Fallgrube ist glatt. Rutscht man hinein, gibt es kein Entkommen. Der Hohlraum ist zu klein, als dass man die Flügel ausbreiten könnte, und die Wände sind so glatt, dass die Füße abrutschen.

# Mit und von Insekten leben

**Dass die Natur und unser Ökosystem große zusammenhängende Gebilde sind, weißt du sicher. Wenn dich jemand fragt, was denn so schlimm daran ist, wenn die Insekten durch Umweltgifte, moderne Landwirtschaft und Überdüngung bedroht sind, kannst du ihm antworten, dass mit den Insekten auch ganz viele andere Arten in Gefahr sind – ganz einfach, weil sie von ihnen leben.**

Ein großer Teil der Vogelwelt ernährt sich von Insekten: Mauersegler, Schwalben, Störche, Nachtigall, Bienenfresser und viele andere Zugvögel verlassen uns im Herbst, weil sie in der kalten Jahreszeit keine Nahrung finden. Sie kehren erst dann zum Brüten zurück in ihre Heimat, wenn es wieder Insekten gibt. Zugleich mit dem Insektenschwund der letzten Jahrzehnte ist auch die Zahl unserer Singvögel gesunken.
Zu den heimischen Säugetieren, die von Kerbtieren abhängen, zählen Igel, Maulwurf, Spitz- und Fledermaus. Auch Reptilien wie Mauereidechsen, Zauneidechsen, Blindschleichen und Amphibien wie Frösche leben von Insekten. Fische wie die Forelle oder die Äsche bedienen sich von Fluginsekten und Insektenlarven im Wasser. Aber auch exotische Tiere, die du vielleicht nur aus dem Zoo kennst, sind auf Insekten als Nahrung angewiesen, so z. B. der Ameisenbär, der Lippenbär und das Schuppentier sowie Krallenaffen oder Mausmaki.

Doch wusstest du, dass auch viele Menschen Insekten essen? Hast du schon mal Made im Speck, gegrillte Heuschrecken, einen Müsliriegel aus Mehlwürmern oder einen Insektenburger probiert? Als Lebensmittel sind laut einer EU-Verordnung von 2018 vier Kandidaten als

Bienenfresser

Lebensmittel zugelassen: Mehlwürmer, Buffalowürmer, Wanderheuschrecken und Heimchen. Obwohl sie Proteine enthalten, Ballaststoffe, Spurenelemente und Vitamine, also zweifellos gesund sind, so kommen Kerbtiere bei uns doch nur selten auf den Tisch.

Kleiner Ameisenbär

Weltweit ist Europa damit eine Ausnahme. Denn für rund 2 Milliarden Menschen in 130 Ländern der Welt gehören Heuschrecken, Maden, Käfer sozusagen zum „täglichen Brot." Wegen der Vielfalt der essbaren Insekten ist der Speiseplan entsprechend reichhaltig und bietet das passende Gericht für jeden Geschmack und Appetit. Nicht nur als Grundnahrungsmittel, sondern oft auch als geschätzte Spezialität. So zeichnet sich eine Made, die in der Paranuss aufwächst, durch einen feinen Nussgeschmack aus, die Eier von Wasserwanzen gelten in Südamerika als „Mexikanischer Kaviar" und frittierte Wasserkäfer sind in Thailand eine ausgesprochene Spezialität.

Auch bei uns gibt es inzwischen einige wenige Insekten-Restaurants. Vielleicht hast du ja Lust, mal etwas Neues auszuprobieren?

Forelle

Aha EXTRA

# Wenn ich groß bin, werde ich ein …

Kaum zu glauben, dass aus einem unscheinbaren Würmchen mal ein toller Schmetterling oder Käfer wird. Viele Insekten verwandeln sich im Lauf ihrer Kindheit und Jugend radikal. Kannst du erraten, wer zu wem gehört?

A

B

C

D

# QUIZ

**1 Monarch**

**2 Libelle**

**3 Maikäfer**

**4 Heuschrecke**

**5 Wiesenschaumzikade**

**6 Marienkäfer**

**7 Honigbiene**

**8 Eintagsfliege**

QUIZ

5

6

7

8

## Quiz-Lösungen

A3, B4, C2, D1, E7, F8, G6, H5

# Was Menschen über Insekten sagen

„Wer Schmetterlinge lachen hört, der weiß, wie Wolken schmecken."
Novalis, Dichter

„Der bravste Krieger fürchtet sich bei Nacht vor dem Insektenstich."
Wilhelm Busch, Dichter

„Vom Standpunkt des Kartoffelkäfers ist der Mensch ein Schädling."
Prof. Klaus Immelmann, Zoologe

„Schweb wie ein Schmetterling, stich zu wie eine Biene."
Muhammad Ali, Superboxer

„Ohne Spinner, Spanner, Schwärmer wäre unser Leben ärmer."
Heinz Sielmann, Zoologe

„Vor Ziegenbock und Käferzahn soll man ein Bäumchen wahr'n."
Johann Wolfgang Goethe, Dichter